# 中国积雪地面观测规范

车涛 等 著

本规范得到国家科技基础资源调查专项项目“中国积雪特性及分布调查”资助

科学出版社

北京

## 内 容 简 介

本书从积雪地面观测属性的定义、积雪剖面属性的观测规范、积雪综合观测场设置、积雪样方观测 4 个方面介绍积雪地面观测规范，具体内容分为 6 章。第 1 章为绪论，主要介绍地面观测的意义；第 2 章对积雪地面观测常见的积雪物理属性、化学属性和电磁波属性进行定义；第 3 章介绍各积雪属性的观测规范，包括使用仪器、观测步骤和注意事项；第 4 章介绍积雪综合观测场的设置；第 5 章阐述积雪遥感产品验证样方设计；第 6 章展示积雪剖面属性记录的相关规范以及实例。

本书可供从事积雪研究的科研和技术人员、大学院校的教师和学生使用和参考。

**图书在版编目(CIP)数据**

中国积雪地面观测规范 / 车涛等著. —北京：科学出版社，2020. 6

ISBN 978-7-03-065177-8

Ⅰ. ①中… Ⅱ. ①车… Ⅲ. ①积雪-地面观测-规范-中国
Ⅳ. ①P468. 0-65

中国版本图书馆 CIP 数据核字（2020）第 090490 号

责任编辑：周 杰 / 责任校对：樊雅琼

责任印制：吴兆东 / 封面设计：无极书装

科 学 出 版 社 出版
北京东黄城根北街 16 号
邮政编码：100717
http://www.sciencep.com

北京建宏印刷有限公司 印刷

科学出版社发行 各地新华书店经销

*

2020 年 6 月第 一 版 开本：720×1000 1/16
2021 年 5 月第二次印刷 印张：8 1/2
字数：180 000

**定价：108.00 元**

（如有印装质量问题，我社负责调换）

# 前　　言

积雪是冰冻圈的重要组成要素，是地球系统科学研究中不可或缺的变量。在气候变化研究中，积雪的季节变化是导致地表反照率变化最为显著的因素，将引起地气能量收支平衡和区域水平热力差异。在全球水循环过程中，积雪的积累和消融过程起到对水进行年内再分配作用，是干旱半干旱地区春季最重要的淡水资源。同时，积雪也是重要的致灾因子，融雪洪水、道路风吹雪、雪崩以及暴雪等给社会经济、基础设施甚至人类生命安全带来隐患。因此，准确获取积雪覆盖范围、厚度、密度等时空变化信息对气候变化研究、水资源管理以及灾害预警与防治至关重要。

积雪信息获取方法包括地面观测、遥感反演以及模型模拟，虽然遥感反演和模型模拟可以在大尺度上获取积雪覆盖和属性分布信息，但是遥感和模型的发展及验证离不开地面观测数据的支持。尽管地面观测只是在点尺度上开展，但却是准确而全面获取各种积雪属性唯一可靠的手段。

积雪地面观测主要包括积雪物理属性观测、积雪化学属性观测以及积雪电磁波属性观测。其中，积雪物理属性包括：积雪深度、雪水当量、积雪密度、积雪层理、雪层温度、晶体粒径、晶体颗粒形态、积雪硬度、剪切度等。这些属性直接关系着积雪水储量、积雪灾害预测。积雪化学属性包括：积雪中的阴阳离子、pH、电导率、杂质（包括黑碳）含量和其他化学元素含量。积雪电磁波属性包括：反射率、反照率、发射率、散射以及介电常数。由于学科背景等影响，不同科技工作者地面观测积雪属性采用的工具和方法不尽相同，甚至对部分属性的定义也不同，导致观测数据的通用性、可比性差，给数据集成分析造成困难。

本书对常见的积雪属性进行定义，对其地面观测方法、步骤、使用仪器进行规范，并根据野外实测经验给出观测过程中的注意事项和实际案例，以供积雪地面观测的工作人员（包括科研人员、教师、学生以及工程师）参考。全书由车涛提出写作目标、设计章节、进行多轮修改并统稿，由戴礼云担任技术编辑，负责校稿及全书的出版事宜。全书分为6章。

第1章为绪论，主要介绍目前积雪地面调查的现状和存在的问题，由车涛、李弘毅、戴礼云、郑照军完成；

第2章为积雪地面观测内容和要素，对野外观测中常见的积雪属性进行统一定义，并给出相应的符号，涉及的属性包括积雪物理属性、积雪电磁波属性和积雪化学属性，由车涛、戴礼云、郝晓华、郝建盛完成；

第3章为积雪属性观测规范，主要介绍各积雪属性的地面观测步骤、使用仪器、注意事项，由车涛、郝建盛、戴礼云、郝晓华、肖鹏峰、张威完成；

第4章为综合观测场，介绍典型的积雪综合观测场应该具备的观测要素和相应的观测仪器，以及观测场内仪器的布设方案和观测频次，由车涛、李弘毅、戴礼云完成；

第5章为积雪样方和测线观测规范，介绍样方观测意义和样方设计方案。样方类型包括针对目前积雪面积遥感产品验证而设计的500m×

500m 积雪面积样方，针对积雪深度遥感产品验证而设计的 25km×25km 积雪深度样方，以及针对积雪反照率遥感产品验证而设计的 1km×1km 积雪反照率样方，主要由戴礼云、张平、肖鹏峰完成；

第 6 章为积雪剖面观测记录和报告，对积雪剖面观测记录表格进行规范和说明，并推荐规范的积雪剖面记录供积雪地面观测工作者参考，主要由车涛、戴礼云完成。

本规范是在我国诸多积雪研究工作者多年积累的经验基础上形成，并在 2017 ~2019 年两个积雪季全国积雪调查过程中进行检验、修订和完善。本书是我国第一本积雪地面观测规范，涉及的观测要素众多，编著者知识有限，不足或疏漏之处在所难免，敬请批评指正，以便再版时补充和修正。

本书的编著和出版得到国家科技基础资源调查专项项目“中国积雪特性及分布调查”（2017FY100500）资助。

著　者

2020 年 3 月于金城

# 目　录

# 第1章 绪　论

地球表面存在时间不超过一年的雪层，即季节性积雪，简称积雪。积雪是冰冻圈的重要组分之一，在气候系统、水文循环系统、社会经济等诸多领域扮演着重要的角色。积雪具有高反照率特性，其存在可显著减少地表对太阳短波辐射的吸收，降低地表温度；积雪消融吸收空气中热量，降低近地表空气温度。同时积雪具有绝热作用，其存在可减少地表和大气的热交换，减少地表向大气的感热和潜热输入。因此，积雪的季节变化是引起地气能量收支平衡和区域水平热力差异的关键因素。在全球水循环过程中，积雪的积累和消融过程起到对水进行年内再分配作用。过量的积雪也是重要的致灾因子，春季融雪洪水、道路风吹雪、雪崩以及暴雪等给农牧业、道路交通和电力等基础设施甚至人类生命安全造成重大隐患。大范围获取积雪信息手段以遥感反演和模型模拟为主，主要涉及的是积雪面积、积雪深度和雪水当量。而遥感反演方法的发展以及精度验证、积雪能量平衡模型和水文模型的输入参数以及验证都离不开地面积雪属性观测。更重要的是，地面观测可以全面获取积雪的物理和化学特性，为积雪本身及其相关领域的研究提供重要的基础数据和支撑。

本章首先介绍积雪地面观测的重要性，然后介绍积雪观测进展以及存在的问题，最后介绍本观测规范的结构和主要内容。

# 1.1　积雪地面观测的重要性

## 1.1.1　发展与验证遥感算法

卫星遥感可以实时快速地获取积雪的时空动态信息，是积雪监测最有效的方法，而准确的积雪属性观测是建立遥感反演算法和积雪辐射、反射模型的基础（Dai et al.，2012）。2002 年 NASA 启动了寒区陆面过程试验（CLPX），主要目标是理解寒区的水文气象和生态过程，基于遥感的积雪地面同步观测试验也是其重要的一部分（Cline，2001）。为了改善微波反演雪水当量的精度，发展遥感反演积雪参数的算法，并且研究尺度对于遥感的影响，试验根据不同的尺度观测了雪深、雪密度、晶体粒径及形状、雪层结构、雪表面粗糙度以及雪下土壤的若干属性。国内黑河流域遥感—地面观测同步试验，将卫星、航空遥感与地面同步试验相结合，在黑河上游祁连山冰沟流域航空试验获取了热红外、微波以及可见光等高分辨率遥感数据，地面同步开展了雪深、雪密度、晶体粒径等积雪参数的观测，主要目标是改进积雪面积、深度、雪水当量、晶体粒径、密度等参数的遥感反演方法以及积雪融水模型的模拟能力（李新等，2008）。此外，由于积雪特性直接影响积雪面积和雪深的反演精度，因此，准确获取积雪特性先验信息可以有效提高区域积雪面积和雪深反演的精度。

遥感反演方法往往基于一定区域一定时间段的数据发展，它们是否适合其他区域或其他时间段，精度如何，都需要地面直接观测的数据进行验证。而遥感反演的信息是面上信息，地面直接观测是点上信息，因此，遥感反演方法的精度验证涉及尺度问题。如何通过点上的观测来验证面上的信息，需要开展样方观测。

### 1.1.2 模型的输入参数

众多的积雪辐射传输模型、水文模型以及气候模型中都涉及积雪参数的输入（Tekeli，2005；Wang et al.，2010；Dai et al.，2012），输入参数越准确，模型模拟效果越好，而这些参数大多需要通过地面观测获取。下面以积雪微波辐射传输模型为例，说明积雪参数地面观测的必要性。

积雪微波辐射传输模型是雪深和雪水当量反演方法发展的基础。模型的输入参数包括：雪深、积雪层理、每层的厚度、密度、晶体粒径、含水量、温度。这里的每一个参数都必须通过地面观测获取。密度和含水量是计算积雪介电常数的关键参数，而介电常数直接影响积雪的吸收率和发射率。积雪温度和发射率则直接影响整个积雪层的辐射亮度温度。晶体粒径是计算散射强度的关键因子，散射强度直接影响积雪层对微波的散射消光作用，进而影响积雪层的辐射亮度温度。积雪深度决定辐射的路径，路径越长微波辐射受到的散射消光越多，辐射亮度温度越低。因此，为了发展高精度的模型，必须有地面积雪属性的详细观测数据。

### 1.1.3 积雪属性观测的意义

从物理属性来说，积雪蒸发和融化潜热大，是巨大的能量库。积雪反射了大部分短波辐射，吸收和重新发射了大部分长波辐射，是辐射屏障。积雪是包含空气的多孔介质，是很好的绝热体。积雪也被认为是巨大的水库。积雪颗粒在传输过程中产生升华，影响空气中的水汽通量。雪面也比大多数地表光滑，影响表面的动力粗糙度。在雪崩预报中，晶体粒径、剪切度是关键因子。

从化学性质来说，积雪融水中的化学物质对地表水质存在潜在影响；季节性积雪中的不同化学物质也是记录降雪时大气化学和污染状况的载体，测量其成分和含量可以帮助了解当时的大气状况，并且对物质在大气圈、岩石圈、冰冻圈之间的迁移转化研究有重要意义。更重要的是，积雪是一个季节性过程，如果没有及时观测，这些缺失的化学特性则不可再次获取。

因此，积雪地面观测不但服务于遥感反演和模型模拟，而且还能更好地描述积雪的理化特性，为积雪分类、大气沉降、雪崩等研究提供重要的依据。

## 1.2 现有地面积雪观测

### 1.2.1 气象站积雪观测

自1951年开始，中国气象局逐步在全国布设了837个气象站，其中765个国家气象基准站。每个站点观测和记录的要素包括：区站号、台站级别、纬度、经度、海拔、年、月、日、平均地面温度、平均气温、积雪深度、雪压、平均风速、最大风速的风向。这些数据每日报送国家气象局整理存档。

气象局基准站的积雪深度和雪压观测方法和使用仪器在全国采取统一标准。每个气象站专门规划了用于积雪深度和雪压的观测场。雪压观测仪器统一采用雪筒，雪筒上带有记录雪深的刻度，雪筒一端开口，一端封闭，开口端呈锯齿状（第3章将介绍雪筒的构造和操作）。为避免人为误差，每一次观测三个雪样的雪压，记录每次的雪压和对应的雪深，并计算平均值作为当天的雪深和雪压。通过雪深和雪压即可算出积雪的密度。由于雪筒开口端呈锯齿状，当积雪深度小于5cm时，积雪难以获取，因此，只有积雪深度大于5cm时，观测的雪压才有效，观测时间统一为北京时间早上8:00。雪压的观测日期为每个月的5日、10日、15日、20日、25日和30日，如果当月没有30日，则取当月的最后一天。如果有新雪下降，则进行加密观测。例如，3月6日有新雪，则3月5日观测完后，3月6日也需进行雪压观测。除了和雪压配套观测的雪深，气象站每天还对雪深进行业务化观测。业务化的雪深观测统一采用直尺（最小刻度1mm）。

中国气象局在发布观测数据之前，对各基准站上报的数据进行统一整理，并配上详细的数据说明。说明内容主要是字段名和相应的单位、每个气象站的建站和撤站时间以及站点位置修改等信息。1979年，形成了统一的地面气象观测规范，2003年，在此基础上进行扩展和完善，部分内容和计算公式与世界气象组织的气象仪器和观测方法指南一致，其积雪观测部分见《地面气象观测规范》第11章（中国气象局，2003）。2009年11月，中国气象局启动降雪加密观测，各台站在本站出现降雪后立即启动开展降雪加密观测。2014年1月起，调整雪深和雪压项目，已实现雪深自动观测的台站取消雪深人工观测，其中承担雪压观测的台站，根据雪深自动观测记录，按照原业务规定进行雪压人工观测。

除了以上800多个国家基准气象站外，各省级气象局还增设了一些地方性气象站，目前近2400个气象站已陆续启动雪深、雪压观测业务。但这些气象站的数据没有上报国家气象局公开共享。

### 1.2.2 积雪综合观测系统

积雪综合观测系统的观测要素全面，观测时间连续，往往针对某些特定需求而建立。为了治理天山公路沿线积雪灾害，1976 年中国科学院天山积雪雪崩研究站成立，开始调查积雪剖面特征变化。1984 年，中国科学院兰州冰川冻土研究所（现中国科学院西北生态环境资源研究院）在祁连山冰沟流域建立了我国第一个寒区水文试验站，开展积雪相关监测，并观测了积雪的光谱特性。此后，中国科学院陆续建立的多个野外综合观测台站，包括中国科学院天山冰川试验研究站、玉龙雪山冰川与环境观测研究站、黑河遥感试验研究站、净月潭遥感实验站等也开始了积雪特性的相关观测。

随着科技发展，各野外综合观测台站的设备和观测方式也在不断改进，观测的积雪属性不断完善。原来野外综合观测台站以人工观测为主，现在多种参数已逐渐被自动化仪器代替。这些持续观测的站点为长时间的气候变化和水文、水资源研究提供了宝贵的数据。

### 1.2.3 积雪观测试验

各研究单位为了各自的科研目标开展了大量不定期的积雪观测试验。下面列举几项由科研院所的积雪遥感研究团队开展的积雪观测试验。为了发展积雪深度、积雪晶体粒径、反照率反演方法，中国科学院西北生态环境资源研究院于 2010 ~ 2012 年，2015 ~ 2016 年冬天在阿勒泰开展了地基微波观测试验以及相应的光谱观测和积雪特性观测（包括积雪分层粒径、密度、温度）（Dai et al.，2012）；为了改进森林区积雪深度反演方法，中国科学院西北生态环境资源研究院联合中国科学院东北地理生态与农业研究所于2012年和2013年的1月及3月在长白山和小兴安岭开展了积雪剖面观测试验（Che et al.，2016）。为了验证积雪面积和积雪深度遥感产品，中国科学院空天信息创新研究院联合中国科学院东北地理生态与农业研究所于2017/2018年冬季在新疆阿勒泰、东北净月潭开展积雪样方观测，获取雪深和雪水当量；为了发展积雪反照率反演方法，南京大学先后于2018年冬季在北疆、2019年冬季在黑龙江和内蒙古开展积雪样方观测，获取积雪像元和混合像元的反照率；为了研究雪崩的形成机理和预测模型，中国科学院新疆生态与地理研究所于2015～2019年4个冬季在中国科学院天山积雪雪崩研究站开展了大量的积雪晶体粒径、剪切度、积雪结构的观测（Hao et al.，2020）。

## 1.3 存在的问题与不足

中国气象局的气象观测站选址以监测气象和气候要素为依据，并没有考虑积雪观测的代表性，且与积雪相关的观测要素少（仅有雪深和雪密度）。同时，受到自然和经济条件限制，很难在山区和林区等复杂环境条件下建立气象站；气象观测场地经过标准化处理，无法获取自然下垫面的积雪属性。

综合观测场和不定期的野外试验由各个单位自行架设观测设备，自行决定观测参数、使用的仪器，各自规定参数的观测规范和记录方式。有的甚至同一个观测站在不同年份观测方案也不相同。由于没有规范的观测方法，不同的人员进行同一参数观测时，必然会引入主观误差。因此，这些大量的观测数据在使用过程中要费时费力地进行数据质量检查和控制工作，往往相互之间的数据可对比性差，使得资源不能得到充分利用。

由此可见，建立并遵循统一的积雪观测规范可以降低观测数据质量控制的难度，保证观测数据的质量，提高观测数据的利用效率，便于观测数据的共享，从而减少资源浪费和数据冗余。

## 1.4 本规范的结构和主要内容

目前，国内外针对积雪参数观测有一些规范，比如《中国地面气象观测》（中国气象局，2003），但只涉及积雪深度和雪水当量。其他积雪参数的观测规范基本都是零散分布，不成系统，或是针对某一种观测仪器进行规范撰写。但同一种积雪参数可能有多种观测仪器，而不同的仪器观测结果有一定差异。另外，随着积雪仪器的更新，仪器间观测数据可比性需要标准进行规范。国家科技基础资源调查专项项目“中国积雪特性及分布调查”第一课题“中国典型区积雪特性地面调查”要求对积雪特性进行详细观测，内容有积雪垂直剖面观测（积雪层理、密度、晶体粒径、积雪温度、含水量、介电常数、硬度、反照率、阴阳离子、黑碳含量、pH）、样方观测和积雪测线（snow course）观测。项目实施过程中，科研人员在进行积雪特性观测时急需一套综合各种参数观测流程及使用仪器的规范作为参考。我们本着确保数据质量、增加地面观测数据的标准化、可比性和易于共享的目的撰写了本规范。

本规范对积雪属性的定义进行了统一，对各积雪参数的地面观测方法、观测步骤等做了规范，并针对用于积雪遥感产品验证的样方制定了采样方案。

第2章将对野外观测中常见的积雪属性进行统一定义，并给出相应的符号。涉及的属性包括积雪物理属性、积雪电磁波属性和积雪化学属性。第3章将对各积雪属性的地面观测方法、步骤、使用仪器进行规范，并根据野外实测经验给出观测过程中的注意事项。第 4 章将介绍典型的积雪综合观测场应该具备的观测要素和相应的观测仪器，以及观测场内仪器的布设方案与观测频次。第 5 章将介绍针对不同积雪产品验证的样方设计方案，包括 500m×500m 积雪面积样方，25km×25km 积雪深度样方，以及 1km×1km 积雪反照率样方。第 6 章将对积雪剖面观测记录表格进行规范和说明，并推荐规范的积雪剖面记录供积雪观测工作者参考。

# 第2章 积雪地面观测内容和要素

本章将对各积雪物理参数、电磁波参数和化学参数进行定义，介绍每个参数的意义、表达方式及相应的单位，并规定各参数的表达符号。

## 2.1 积雪物理属性

### 2.1.1 积雪深度（$H_s$）

积雪深度（简称雪深）是指积雪的总高度，定义为从基准面到积雪表面的垂直距离。除非另有规定，一般积雪深度是特定位置特定时间的特定值，单位通常为厘米（cm）。如果基准面具有一定的坡度，雪深也是积雪表面到基准面的垂直距离，即测量直尺与基准面垂直（90°）。

### 2.1.2 雪水当量（SWE）和雪压（$P_s$）

雪水当量是指单位面积上积雪完全融化成水后对应的水层垂直深度，单位通常为毫米（mm）。

雪压为单位面积上积雪的重量，单位通常为 $g/cm^2$。因此，雪压=雪水当量×水的密度。由于40℃以下的水的密度约为$1g/cm^3$，因此实际测量中雪水当量的值和雪压相同，有时也用雪压代替。但如果雪水当量用单位mm表示，雪水当量的数值是雪压的10倍。

### 2.1.3 积雪密度（$\rho_s$）和孔隙率（$\varphi$）

积雪密度（雪密度）是指单位体积积雪的质量，包括干雪、液态水和水汽质量之和，通常单位为$g/cm^3$或者$kg/m^3$。可以通过测量雪深和雪压获得，雪密度=雪压/雪深。

孔隙率是指单位体积中空气所占的体积百分比（%）。孔隙率=1-雪密度/冰密度。冰的密度通常设为$0.917g/cm^3$。

### 2.1.4 积雪晶体粒径（$D_s$）

积雪晶体粒径（雪粒径）用来描述雪颗粒的大小，有三种表达方法。第一种是雪颗粒的实际物理尺寸（$D_o$），通常用直径、半径或长轴来表示，即粒子的实际长度，单位通常为mm。但由于雪颗粒通常是不规则的，实际尺寸难以确定，因此，通常用第二种方法来描述雪粒径大小，即光学等效粒径。一个不规则颗粒的体积和表面积与一个球体的体积和表面积相等。这种情况下，这个不规则颗粒的直径可以认为是这个球体的直径。因此，雪颗粒光学等效粒径（$D_{eff}$）定义为具有相同体积和表面积的球形颗粒的直径，单位通常为毫米（mm）或微米（μm），表达如下

$$D_{eff}=6M/(\rho \cdot S) = 6/SSA \quad (2.1)$$

式中，$M$为积雪质量；$S$为积雪中冰颗粒总表面积（空气与冰颗粒交界面总面积）；SSA则为单位质量的积雪样品中空气和冰颗粒交界总面积，

即比表面积。

不管是实际物理直径还是光学等效粒径在野外观测都很困难，而雪颗粒的大小能影响光谱反射率大小，因此，利用光谱反射率反演出的粒径能表示雪颗粒的大小，从而建立光谱反射率与等效光学粒径之间的关系来获取雪粒径成为一种广泛使用的方法。

还有一种表达雪粒径的方法是相关长度（$l$）。由于雪颗粒是个散射元（或散射粒子），积雪的相关长度实际上对应散射元的大小、形状和取向，表征散射能量的空间分布。假设雪的剖面有 $N_x \times N_y$ 个像素点（图2.1），任一点的介电常数 $\varepsilon$（$i$，$j$）赋值为1（空气）或3.2（冰），则平均介电常数 $\varepsilon_{\mathrm{m}}$ 为

$$\varepsilon_{\mathrm{m}} = \sum_{i=1}^{N_x} \sum_{j=1}^{N_y} \frac{\varepsilon(i, j)}{N_x N_y} \tag{2.2}$$

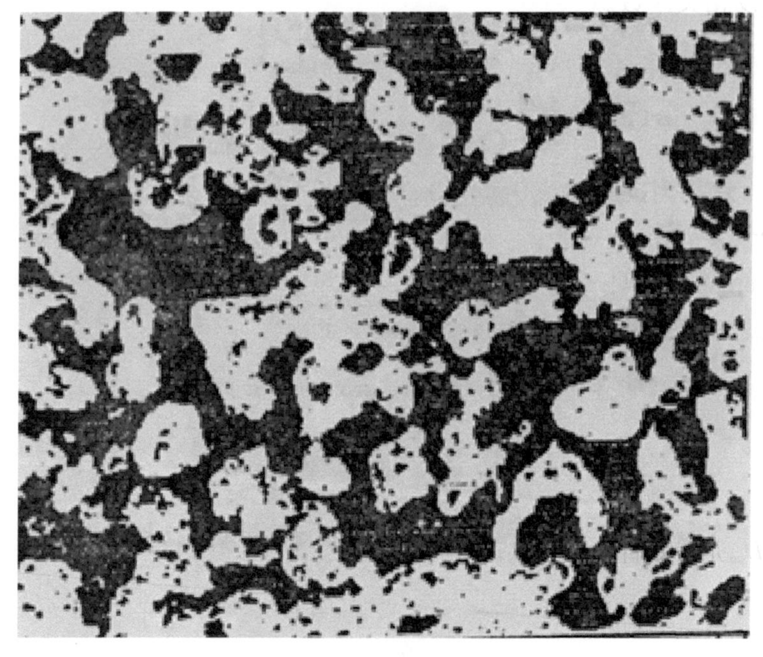

图2.1　积雪颗粒分布剖面

介电常数起伏方差 $\delta^2$ 为

$$\delta^2 = \frac{1}{N_x N_y} \sum_{i=1}^{N_x} \sum_{j=1}^{N_y} [\varepsilon(i,\ j) - \varepsilon_m]^2 \tag{2.3}$$

在 $N_x \times N_y$ 的整幅图像中，选取其中 $n_x \times n_y$ 个像素点的子区域为基准图像，则其平均介电常数 $\varepsilon_{m0}$ 和介电常数起伏方差 $\delta_0^2$ 分别为

$$\varepsilon_{m0} = \sum_{i=1}^{n_x} \sum_{j=1}^{n_y} \frac{\varepsilon(i,\ j)}{n_x n_y} \tag{2.4}$$

$$\delta_0^2 = \frac{1}{n_x n_y} \sum_{i=1}^{n_x} \sum_{j=1}^{n_y} [\varepsilon(i,\ j) - \varepsilon_{m0}]^2 \tag{2.5}$$

相关函数 $C$ 为

$$C = \frac{1}{n_x n_y \delta \delta_0} \sum_{i=1}^{n_x} \sum_{j=1}^{n_y} [\varepsilon(i,\ j) - \varepsilon_{m0}][\varepsilon(i+x,\ j+z) - \varepsilon_m] \tag{2.6}$$

假设相关函数为指数型 $e^{-r/l}$，则在 $C = e^{-1}$ 处得到相关长度 $l$ 的值。

### 2.1.5 比表面积（SSA）

积雪是由空气和冰颗粒组成的多孔介质，比表面积（SSA，specific surface area）是单位质量的积雪样品中空气和冰颗粒交界面总面积，单位为 $cm^2/g$。SSA 是描述多孔物质特征的重要参数，比表面积和积雪等效粒径有如下关系

$$SSA = \frac{6}{D_{eff} \cdot \rho_i} \tag{2.7}$$

式中，$D_{eff}$ 是等效直径，单位为厘米(cm)；$\rho_i$ 是冰在0℃的密度($0.917 g/cm^3$)。比表面积在积雪发生形变时一般会降低，甚至当密度等其他参数保持不变时，也随积雪粒径的变化发生变化。

## 2.1.6 积雪晶体颗粒形态（*F*）

雪颗粒形态有两个方面的定义。第一个是降雪时雪颗粒（雪花中冰晶）的形态。由于受到温度、湿度以及其他大气条件的影响，雪花形态各异，大致分为8类，分别是柱状晶体、针状晶体、平面状晶体、星状晶体、不规则晶体、霰、雹以及冰球（表2.1）。

**表2.1 降雪（PP）中雪晶体颗粒的形态、符号以及产生的物理过程**

| 形态名称 | 符号 | 形状描述 | 产生位置 | 物理过程 |
| --- | --- | --- | --- | --- |
| 柱状晶体（columns） | PPco | 柱状，实心或空心 | 云层或晴空时的逆温层 | -8～-3℃以及-30℃以下环境下的水汽生成 |
| 针状晶体（needles） | PPnd | 针状，近似圆状 | 云层 | -5～-3℃以及-60℃以下环境下的超饱和水汽生成 |
| 平面状晶体（plates） | PPpl | 板状，大多呈六角形 | 云层或晴空时的逆温层 | -3～0℃以及-70～-8℃以下环境下的水汽生成 |
| 星状晶体（stellate dendrites） | PPsd | 六折星状，平面或立体 | 云层或晴空时的逆温层 | -3～0℃以及-16～-12℃环境下的超饱和水汽生成 |
| 不规则状晶体（irregular crystals） | PPir | 不规则颗粒，很小晶体的聚合体 | 云层 | 在各种环境下由多晶体生长而成 |
| 霰（graupel） | PPgp | 霜晶，球形，锥形，六角形或不规则形 | 云层 | 小水滴在过冷的环境下凇化形成，粒径≤5mm |

续表

| 形态名称 | 符号 | 形状描述 | 产生位置 | 物理过程 |
|---|---|---|---|---|
| 雹（hail） | PPhl | 薄片状内部结构，半透明或乳状，光滑的表面 | 云层 | 过冷却水积聚生成；粒径>5mm |
| 冰球（ice pellets） | PPip | 透明的，大多数是小球体 | 云层 | 雨滴冻结或是融化的雪或雪花再冻结形成。霰或雪丸被一层薄冰包裹（小雹），粒径≤5mm |
| 霜（rime） | PPrm | 不规则的冰粒或锥状的冰粒 | 降到物体表面 | 小的过冷的雾滴在适当的位置冻结。在雪面上形成的易碎薄壳，这个过程需要足够长的时间 |

注：上述子类尚未涵盖大气中可观测到的颗粒和晶体的所有类型。详见 Magono 和 Lee，1966；Bailey 和 Hallett，2004；Dovgaluk 和 Pershina，2005；Libbrecht，2005

第二个是积雪的雪颗粒形态，也就是降落在地面上的雪的形态。积雪的雪颗粒形态随着时间变化，不同的气候、海拔、下垫面等条件下，积雪形态不同。一般情况下，从圆形小颗粒到圆形大颗粒，再演化到片状颗粒，在一定环境下片状颗粒棱角不断圆化，再演化成深霜颗粒。在这过程中，如果白天温度升高，辐射增强，积雪融化，晚间温度下降，融雪再冻结。如果温度持续上升（比如积雪季节融化期），积雪直接消融完毕。如果再有温度下降可能形成冰层。表 2.2 介绍各种积雪形态的形态描述以及产生的条件，并附上野外观测中收集到的相关照片（图 2.2 ~ 图 2.7）。

**表 2.2　积雪中雪颗粒形态、符号以及产生的物理过程**

| 基本形态 | 亚形态名称 | 符号 | 形状描述 | 产生位置 | 物理过程 |
|---|---|---|---|---|---|
| 圆形颗粒 (rounded grains) | 微圆形雪颗粒 (small rounded particles) | RGsr | 圆形或细长条形，长轴<0.25mm | 干的积雪层中 | 积雪颗粒数量缓慢减少，比表面积下降，平均粒径增加 |
| | 粗圆形雪颗粒 (large rounded particles) | RGlr | 圆形或细长条形，长轴≥0.25mm | 干的积雪层中 | 在 RGsr 基础上继续增长 |
| | 风蚀圆形雪颗粒 (wind packed) | RGwp | 颗粒小，由于风力破碎后被压实，通常出现在表层，硬度较大 | 干的积雪层中 | 在风吹移动过程中相互摩擦而变圆 |
| | 圆形-面状雪颗粒 (faceted rounded particles) | RGxf | 由于温度梯度增大，RGlr 正在往面状发展，棱角圆化，向面状晶体转化的过渡形态 | 干的积雪层中 | 如果额外的水汽密度超过动力增长的临界值，晶体的大小生长机制发生改变。这种过渡形式随着温度梯度上升而形成 |
| 面状晶体 (faceted crystals) | 棱柱状多面晶体 (solid faceted particles) | FCso | 立体面状晶体，通常是棱柱体，面光滑，棱角分明，边角尖锐，从圆形颗粒发展而来 | 干的积雪层中 | 生长速度依赖于温度、温度梯度和密度，如果密度很大，则粒径无法增大，因为没有足够的孔隙 |
| | 近表层面状晶体 (near surface faceted particles) | FCsf | 靠近雪表层的面状晶体，其形态取决于降雪颗粒的形态 | 干的积雪层中，在表层雪下面 | 由降落的雪花颗粒发展而成。紧挨表层。降落雪花还没有完全发展成球形或柱形颗粒前的形状 |
| | 圆化多面晶体 (rounding faceted particles) | FCxr | 是面状向深霜转化的过渡形态 | 干的积雪层中 | 由于温度梯度下降，晶体的边角开始圆化，比表面积下降 |

续表

| 基本形态 | 亚形态名称 | 符号 | 形状描述 | 产生位置 | 物理过程 |
|---|---|---|---|---|---|
| 深霜<br>(depth hoar) | 空杯状深霜<br>(hollow cups) | DHcp | 通常像杯子一样的，有条纹和骨架结构的晶体，由面状雪颗粒发展而成 | 干的积雪层中 | 由于温度梯度很大，雪颗粒之间的水蒸气扩散，即水汽密度远超过用于动力增长的临界值 |
| | 空心棱状深霜<br>(hollow prisms) | DHpr | 表面光滑但有条纹的棱柱形的空心骨架结构的晶体，易碎，低密度雪再结晶，难以区分颗粒 | 干的积雪层中 | 积雪已完成再结晶，低密度雪高温度梯度下延长 |
| | 深霜链（chains of depth hoar) | DHch | 多个空心晶体像链条一样连接，易碎，低密度雪形成 | 干的积雪层中 | 积雪已完成再结晶，雪颗粒之间组成链条，大部分颗粒之间的连接键已消失 |
| | 条纹深霜（large striated crystals) | DHla | 大的，固体或骨架结构的拥有大量条纹的晶体 | 干的积雪层中 | 在以上深霜早期的基础上进一步演化，新晶体形成时晶体之间的链接键发生 |
| | 圆化深霜<br>(rounding depth hoar) | DHxr | 空心骨架结构，边角圆化 | 干的积雪层中 | 由于温度梯度下降，带条纹的空心骨架结构的晶体，边角开始圆化比表面积下降 |
| 表霜<br>(surface hoar) | 针枝状表霜<br>(surface hoar crystal) | SHsu | 通常是有条纹的晶体，片状或针状 | 通常在积雪表层 | 空气中的水汽快速转入积雪表面，通过辐射冷却积雪表面温度下降低于周围的温度，表面晶体快速生长 |

续表

| 基本形态 | 亚形态名称 | 符号 | 形状描述 | 产生位置 | 物理过程 |
|---|---|---|---|---|---|
| 表霜（surface hoar） | 洞隙霜（cavity or crevasse hoar） | SHcv | 有条纹的片状的或空心骨架结构的晶体，架空的深霜，发生在不透风的冷空间内，水汽可以保存下来结晶 | 在封闭的空间内，如灌丛中，树干内或洞穴内 | 在一个冷的空穴空间，水汽沉积形成冰晶 |
| | 圆化表霜（rounding surface hoar） | SHxr | 表霜晶体开始圆化而成，条纹的表面霜晶体，边角圆化 | 干积雪层中 | 晶体比表面积下降，棱角圆化 |
| | 雪绒花（edel-weiss hoar） | SHew | 出现在雪或冰表面呈现蕨类状或者簇状的冰结构，最大可呈现高6cm，直径8cm的类绒花一样的结构 | 通常在积雪表层 | 当空气湿度相对高且气温相对较低时，由于凝华作用，雪或冰表面形成的冰晶结构 |
| 融态晶体（melt forms） | 簇生圆形融态晶体（clustered rounded grains） | MFcl | 自由水连接冰晶体，形成簇生状态，低含水量的湿雪，液态含水量少，水连接冰晶体 | 湿雪中 | 液态含水量低的湿雪，由于含有自由液态水，冰晶成簇 |
| | 粗圆形融态晶体（rounded polycrystals） | MFpc | 多个MFcl晶体融化再冻结成为一个，粒径增大 | 湿雪中 | 多个颗粒融化再冻结形成更大的颗粒 |
| | 雪泥（slush） | MFsl | 由于水太多，MFcl分散在水中的冰晶颗粒 | 浸入水的雪中 | 含水量极高的湿雪，形成于冰和水达到热平衡状态时 |
| | 冰晶冻结块（melt-freeze crust） | MFcr | MFpc融化再冻结，晶体粒径增大，虽然冻结在一起难以分割开颗粒，但颗粒状态可见 | 表层 | 湿雪表层融化再冻结形成的硬壳 |

续表

| 基本形态 | 亚形态名称 | 符号 | 形状描述 | 产生位置 | 物理过程 |
|---|---|---|---|---|---|
| 冰层<br>(ice formations) | 冰层（水平）<br>(ice layer) | IFil | 水平冰层，雨水或融雪水从积雪表层往下渗，在雪层中重新冻结形成冰层 | 积雪层中 | 雨水或融雪水从表层浸入冰点以下的积雪层再冻结 |
| | 冰柱（垂直）<br>(ice column) | IFic | 垂直冰层，发生在雪层中 | 积雪层中 | 管道中排泄水往下流动时由于周围积雪温度较低，导热形成冰柱 |
| | 底冰（basal ice） | IFbi | 融水池冻结，融雪水在积雪底部结冰 | 积雪底部 | 融水在底部聚集重新冻结 |
| | 冻雨冰<br>(rain crust) | IFrc | 表面形成的一层很薄的冰层，透明、光滑 | 表层 | 冻雨在积雪表明形成 |
| | 冰镜(sun crust, firnspiegel) | IFsc | 表面形成的一层很薄的冰层，透明、光滑、闪光 | 表层 | 表层融水在表层由于辐射降温重新冻结 |

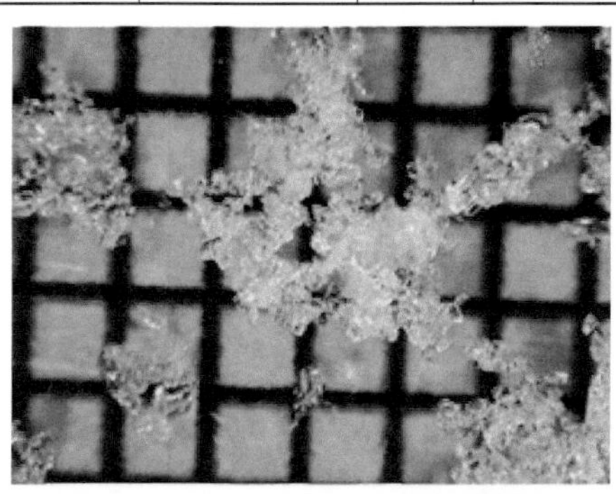

(a) 微圆形雪颗粒(RGsr)

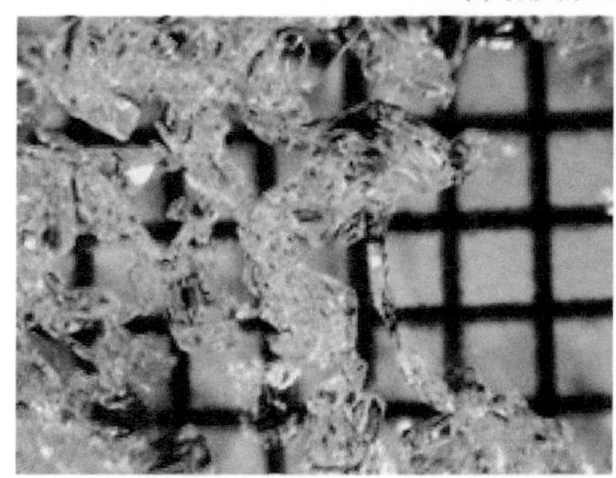
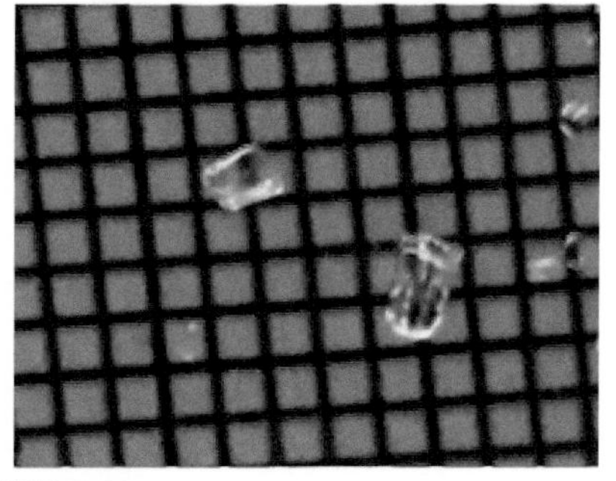

(b) 粗圆形雪颗粒(RGlr)

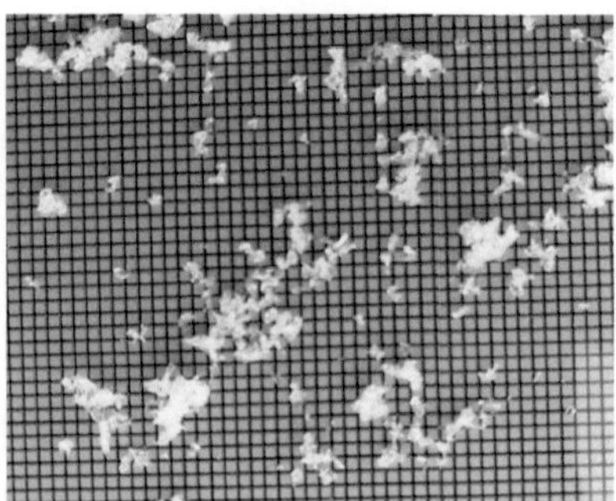

(c) 风蚀圆形雪颗粒(RGwp)

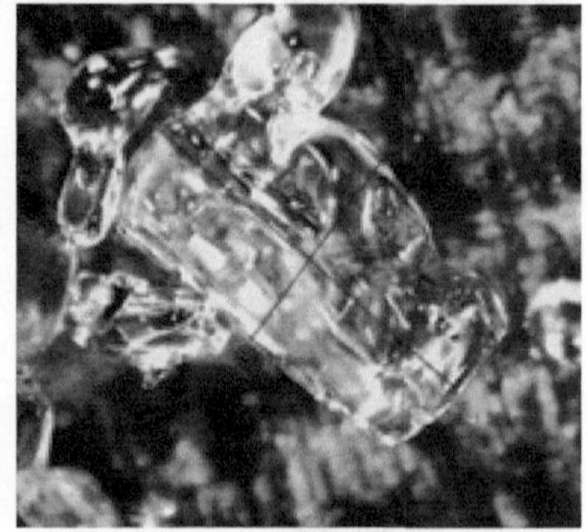

(d) 圆形-面状雪颗粒(RGxf)

图 2. 2　圆形颗粒

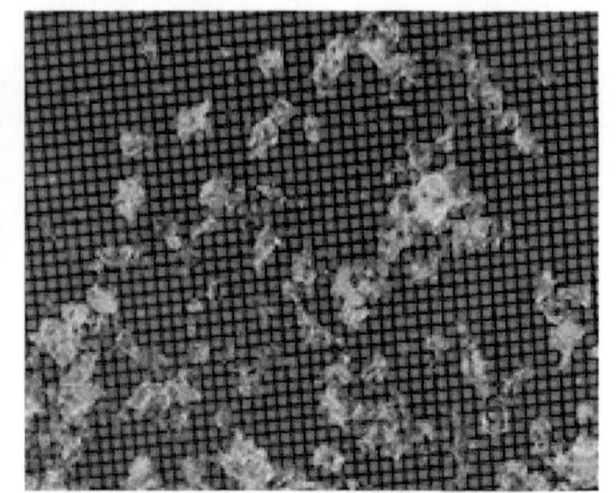

(a) 棱柱状多面雪晶体(FCso)

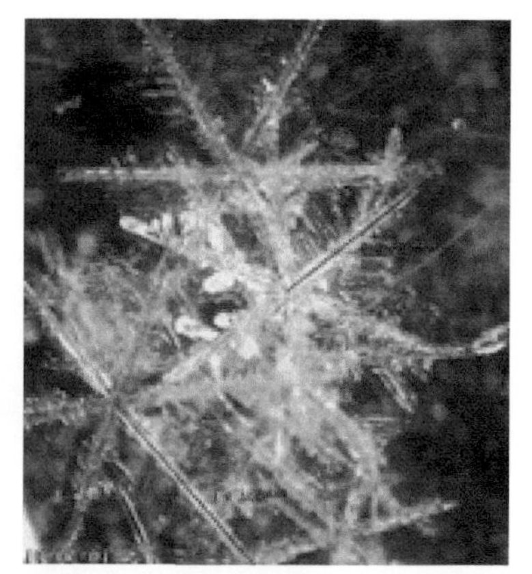

(b) 近表层面雪晶体(FCsf)

(c) 圆化多面颗粒(FCxr)

图 2.3　面状晶体

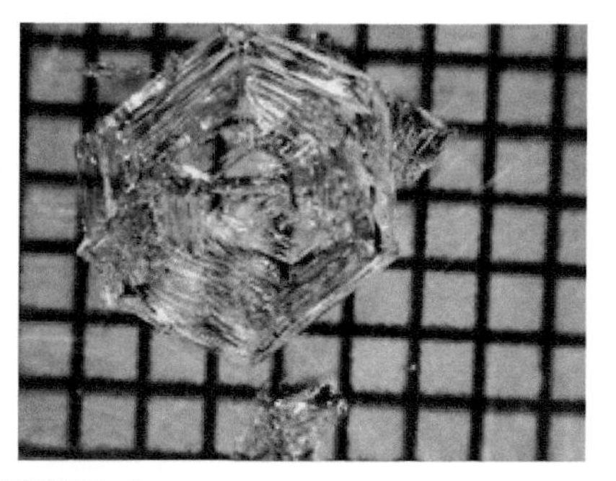

(a) 空杯状深霜(DHcp)

(b) 空心棱状深霜(DHpr)(左边照片源自Fierz 等，2009)

(c) 深霜链(DHch)

(d) 条纹深霜(DHla)

(e) 圆化深霜(DHxr)

图 2.4　深霜

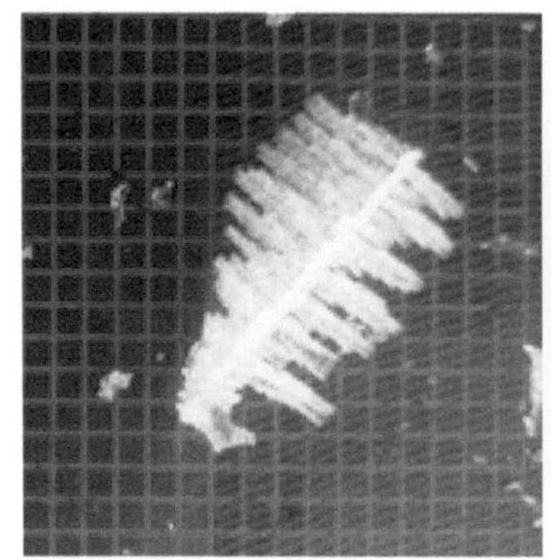

(a) 针枝状表霜(SHsu)

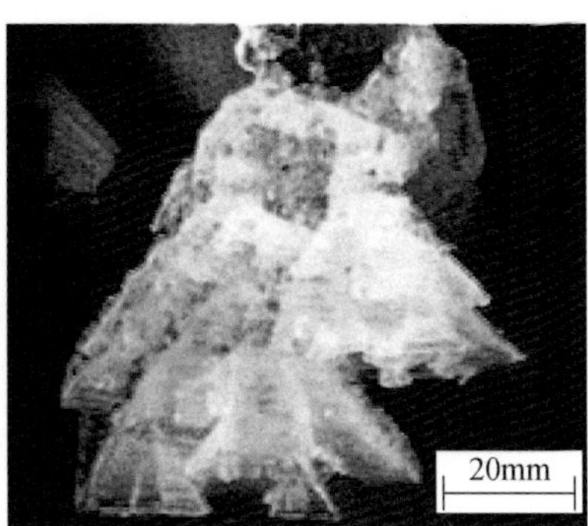


(b) 洞隙霜(SHcv)(右边照片源自Fierz 等，2009)

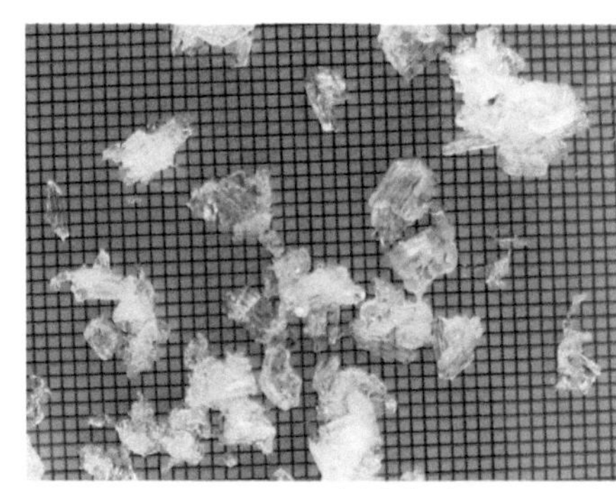
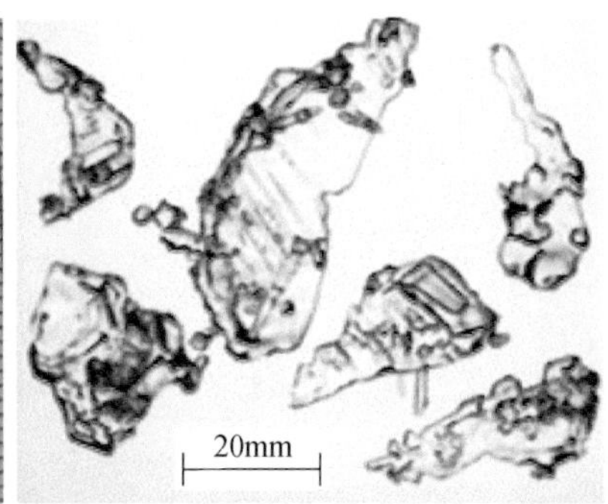


(c) 圆化表霜(SHxr)(右边图片源自Fierz等，2009)

(d) 雪绒花(SHew)

图 2.5　表霜

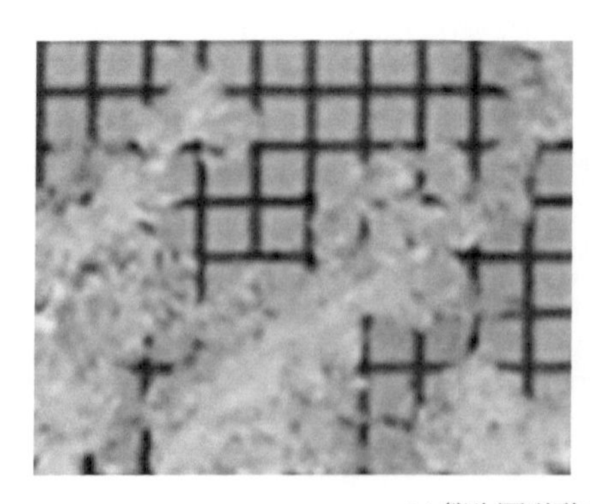
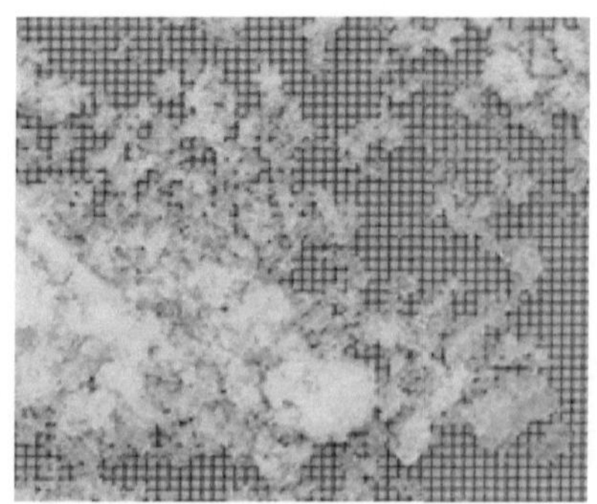

(a) 簇生圆形融态晶体(MFcl)

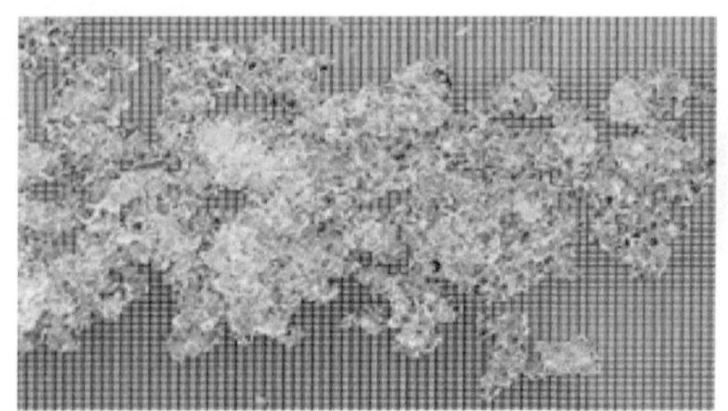

(b) 粗圆形融态晶体(MFpc)

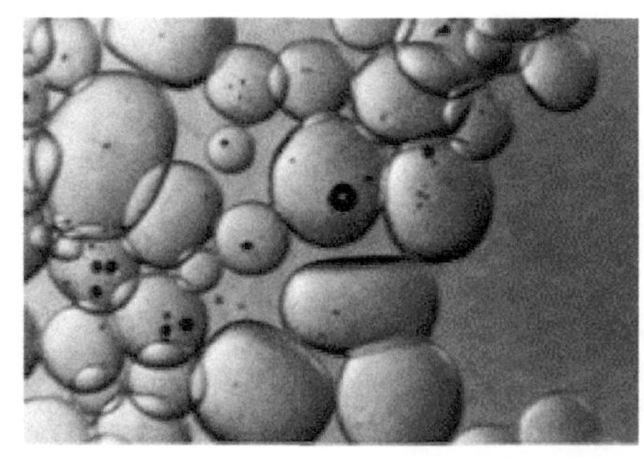
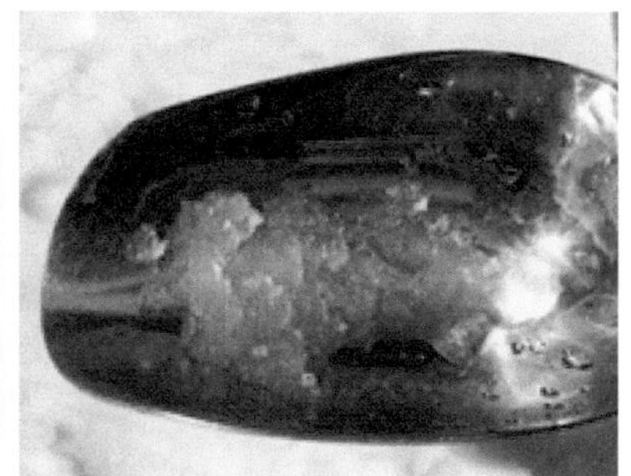

(c) 雪泥(MFsl)(左边照片源自Fierz 等，2009)

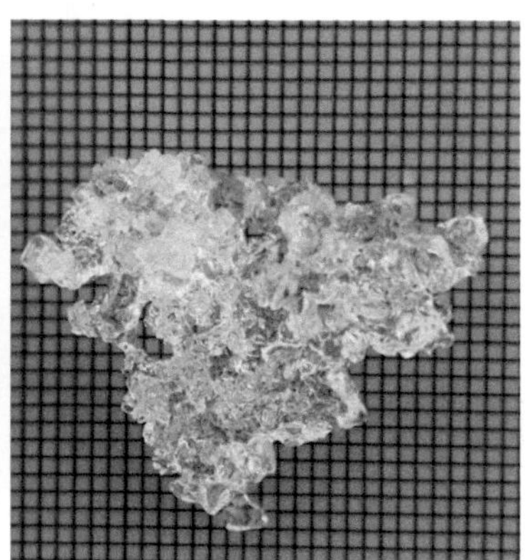

(d) 冰晶冻结块(MFcr)(左边源自Fierz等，2009)

图 2.6　融态晶体

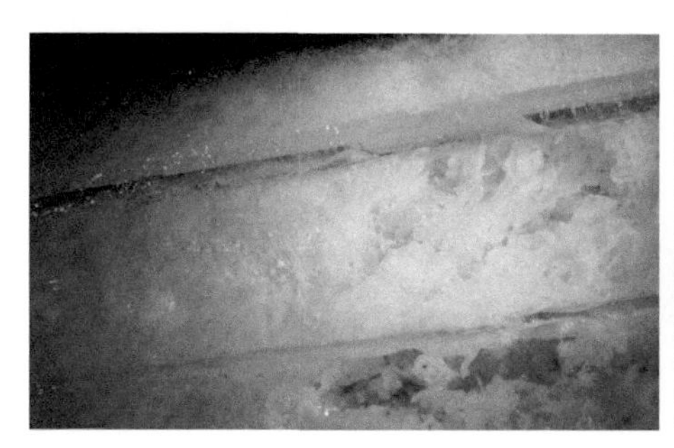
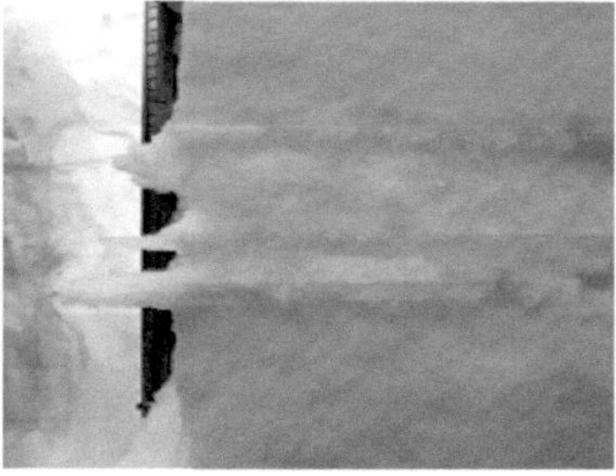

(a) 冰层(水平)(IFil )(右边图片源自Fierz 等，2009)

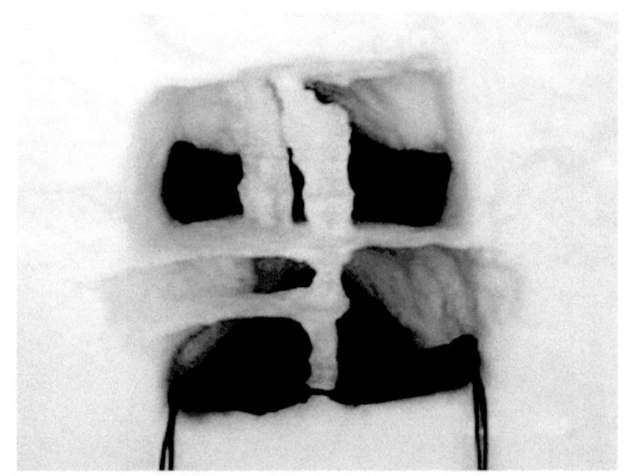

(b) 冰柱(垂直)(IFil )(源自Fierz等，2009)

(c) 底冰(IFbi )

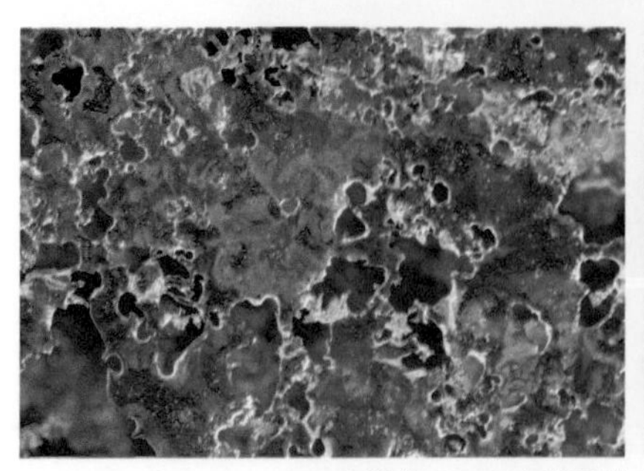

(d) 冰境(IFsc)(右边图片源自Fierz 等，2009)

图 2. 7　冰层

## 2.1.7 积雪层理（*L*）

由于自身压力、水汽和温度等影响，积雪不断进行形变。不同时间降雪形成的雪层，形态结构完全不同，造成整个积雪由多层雪晶体形态特征不同的雪层组成。积雪层理是积雪研究的关键性参数之一，通过积雪层理可以进行区域降雪情况反演和区域积雪的特征分析。通过雪层中晶体形态识别，可以准确掌握山地斜坡积雪的稳定性，对于山地积雪和雪崩研究十分重要。因此，积雪层理是指区域降雪的不连续性以及积雪随时间形变导致的积雪的垂直分层现象［图2.8（a）］。不同雪层的积雪属性各有差异，上层新雪和下层老雪差异最为显著，可用肉眼识别。有的较厚（30cm）的雪剖面分层不是很明显，用肉眼难以区分，但用雪锯切剖后放置在太阳光下对雪层结构进行透光观测，可以看出明显的分层，如图2.8（b）所示。

(a) 用肉眼识别

(b) 雪锯切剖放置太阳光下进行遮光观测

图2.8　自然积雪层理

### 2.1.8 雪层温度（$T_s$）

温度是表示物体冷热程度的物理量，微观上是指物体分子热运动的剧烈程度。单位通常为摄氏度（℃）或开尔文（K）。雪层温度是指积雪垂直方向上的温度分布，也可称为温度剖面。积雪的隔热作用降低了空气和下地表的热量交换，因此，越靠近雪表面，雪层温度受空气温度的影响越大，越往下，雪层温度受下垫面土壤的热辐射影响越大。

### 2.1.9 积雪含水量（$W_s$）

积雪含水量是描述积雪中液态含水量多少的指标。积雪介质中液态水质量与积雪总质量的比值，称为重量含水量。积雪介质中液态水体积与包括孔隙在内的积雪介质总体积的比值，称为体积含水量。二者都用百分比（%）表示。积雪含水量影响积雪的介电常数大小，进而影响积雪的电磁波属性。

### 2.1.10 积雪硬度（$R$）

积雪硬度是指单位面积积雪承受抵抗力的大小，反映积雪的塑性压缩破坏能力，通常单位为帕（Pa）。积雪硬度是积雪的力学性能参数之一，常应用于雪崩和风吹雪研究中。积雪硬度的大小，能够表征区域风吹雪的强度，通过观测山坡雪不同层位积雪的硬度，能够判断山坡积雪的稳定性，从而预警雪崩。

### 2.1.11 积雪剪切度（$\tau$）

积雪剪切强度是指积雪承受剪切应力的能力，通常单位为帕（Pa）。积雪的剪切强度由积雪雪晶体之间的范德瓦尔斯力、静电力以及内摩擦力决定，因此积雪的剪切强度大小客观地反映了积雪内部雪颗粒之间的黏结强弱，与坡度结合，是预测雪崩的关键参数。

## 2.2 积雪电磁波属性

### 2.2.1 反射率（$\rho$）

反射率（reflectance）定义为物体表面反射能量与到达物体表面入射能量的比值。

光谱反射率（spectral reflectance）（$\rho_\lambda$）为某个特定波长间隔下测定的物体反射率，连续波长测定的物体反射率曲线构成反射率波谱（reflectance spectrum）。

$$\rho_\lambda = \frac{E_r(\lambda)}{E_i(\lambda)} \tag{2.8}$$

式中，$\lambda$ 为波长；$E_r$为反射能量；$E_i$为入射能量。

自然界大多数地表反射具有明显的方向性，这种方向还依赖于入射方向。方向反射率（directional reflection）是指入射和反射方向严格定义的反射率。二向性反射率分布函数（bi-directional reflectance distribution function，BRDF）是描述表面反射特征空间分布的基本参数，其公式表达为

$$\mathrm{BRDF}(\theta_i, \phi_i, \theta_r, \phi_r, \lambda) = \frac{\mathrm{d}L(\theta_r, \phi_r, \lambda)}{\mathrm{d}E(\theta_i, \phi_i, \lambda)} \tag{2.9}$$

式中，$\theta_i$，$\phi_i$，$\theta_r$，$\phi_r$ 分别为入射辐射天顶角、入射辐射方位角、反射辐射天顶角和反射辐射方位角；d$E$ 表示在一个微小面积元d$A$ 上，特定入射光的辐照度（入射辐射通量），单位为瓦/米$^2$（W/m$^2$）；d$L$ 表示在一个微小面积元 d$A$ 上，特定反射光的辐亮度（反射的辐射通量），单位瓦/(米$^2$ · 球面度)［W/(m$^2$ · Sr)］，所以 BRDF 的单位：Sr$^{-1}$。由于测定方式的差异，光谱反射率可以根据入射能量的辐照方式及反射能量的测定方式给出 4 种定义。

（1）方向-方向反射率：direction-direction reflectance，DDR，入射能量辐照方式为平行直射光，没有或可以忽略散射光；波谱测定仪器仅测定某个特定方向的反射能量。地物双向反射特性主要是研究方向-方向反射率。晴天条件下，以太阳光为辐照光源，利用野外便携式地物光谱仪测定的地物反射率可以近似方向-方向反射率。方向-方向反射率（无量纲）的定义与 BRDF 基本一致，二者相差一个 π 值，其定义的公式如下

$$\rho(\theta_i, \phi_i, \theta_r, \phi_r) = \pi L(\theta_r, \phi_r) / E(\theta_i, \phi_i) \tag{2.10}$$

（2）半球-方向反射率：hemisphere-direction reflectance，HDR，入射能量在半球空间内分布，波谱测定仪器仅测定某个特定方向的反射能量。全阴天条件下，以太阳散射光为辐照光源，利用野外便携式地物光谱仪测定的地物反射波谱就可以近似为半球-方向反射率

$$\rho(\theta_r, \phi_r) = \pi L(\theta_r, \phi_r)/E_d = \frac{\pi L(\theta_r, \phi_r)}{\int_0^{2\pi}\int_0^{\frac{\pi}{2}} E(\theta_i, \phi_i)\cos\theta_i \sin\phi_i \mathrm{d}\theta_i \mathrm{d}\phi_i} \tag{2.11}$$

（3）方向-半球反射率：direction-hemispherical reflectance，DHR，入射能量辐照方式为平行直射光，没有或可以忽略散射光时，波谱测定仪

器测定的半球空间的平均反射能量。利用积分球原理测定的物体反射率就是方向–半球反射率

$$DHR = \rho(\theta_i, \phi_i; 2\pi) = \pi L_u / E(\theta_i, \phi_i) = \frac{\int_0^{2\pi}\int_0^{\frac{\pi}{2}} L(\theta_r, \phi_r)\cos\theta_r \sin\phi_r \mathrm{d}\theta_i \mathrm{d}\phi_i}{2E(\theta_i, \phi_i)} \tag{2.12}$$

（4）半球–半球反射率：bi-hemispherical reflectance，BHR，入射能量在半球空间内分布，波谱测定仪器测定的是 $2\pi$ 半球空间的平均反射能量

$$\rho = \pi L_u / E_d \tag{2.13}$$

图 2.9 给出了一个利用便携式地物光谱仪测量的干洁新雪的光谱反射率样例。观测时间为当地时间中午 12：00，天气晴朗，探头的观测为垂直观测（观测角度为 90°），探头视角为 4°。由于天气晴朗，忽略天空散射光线，可以认为入射太阳光为一定角度的平行光线，接收反射辐射的探头视角很小，可以认为反射光角度为 90°，因此这个观测可以近似为方向–方向反射率。

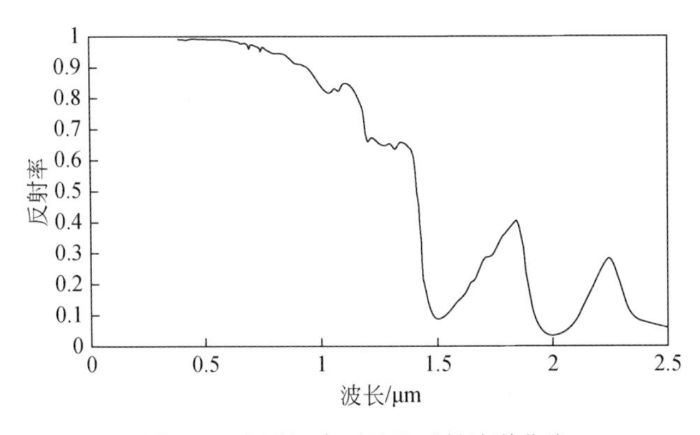


图 2.9　实测新降干雪的反射波谱曲线

积雪反射率还受积雪的物理特性影响，干净的新雪反射率高达 95%

以上。随着时间延长，积雪粒径增大，反射率下降。雪层中液态含水量增加也降低积雪反射率。雪层中污染物含量也会影响反射率值，污染物含量越高，反射率越低。实际积雪反射率还受到下垫面的影响，当积雪较浅时，如果积雪没有完全覆盖下垫面植被，则植被会降低观测到的积雪反射率。

## 2.2.2 反照率（$\alpha$）

常见的反照率概念有窄波段反照率、宽波段反照率、直射（黑空）反照率、漫射（白空）反照率和蓝空反照率。

（1）窄波段反照率也叫波谱反照率，指物体反射太阳辐射与该物体表面接收太阳总辐射的比率，也就是反射辐射（$F_u$）与入射辐射（$F_d$）的比值。

$$\alpha = F_u(\lambda)/F_d(\lambda) \tag{2.14}$$

根据波长范围可以分为：短波反照率（0.25～5.0μm），可见光反照率（0.4～0.7μm），近红外反照率（0.7～2.5μm）等。

（2）宽波段反照率（$A$）指在一定波长范围内，地表上行辐射通量与下行辐射通量的比值

$$A(\theta, \lambda) = \frac{\int_{\lambda_1}^{\lambda_2} \alpha(\theta, \lambda) F_d(\theta, \lambda) \mathrm{d}\lambda}{\int_{\lambda_1}^{\lambda_2} F_d(\theta, \lambda) \mathrm{d}\lambda} \tag{2.15}$$

式中，$F_d$为入射辐射。窄波段反照率向宽波段反照率的转换：一是通过宽波段反照率的定义积分算出；二是通过数值转换计算

$$A = c_0 + \sum_{i=1}^{n} c_i \alpha_i \tag{2.16}$$

（3）黑空反照率（black sky albedo，BSA）为太阳辐射完全直射条件下（完全晴空）的反照率，BSA= 方向–半球反射率（DHR）。

（4）白空反照率（white sky albedo，WSA）为太阳辐射完全漫射条件下（完全阴天）的反照率，WSA = 漫射半球–半球反射率（BHR_diff）。

（5）蓝空反照率为地物的真实反照率，相当于半球–半球反射率（BHR）。

### 2.2.3 介电常数（$\varepsilon$）

介质在外加电场时会产生感应电荷而削弱电场，介质中的电场减小与原外加电场（真空中）的比值即为相对介电常数，与频率相关，一般用字母 $\varepsilon$ 表示。介电常数是相对介电常数与真空中绝对介电常数乘积。描述地物介电特性的参数为复介电常数，$\varepsilon=\varepsilon'+j\varepsilon''$，$\varepsilon'$ 和 $\varepsilon''$ 分别为复介电常数的实部和虚部。雪的有效介电常数则根据含水量的不同而变化。雪的介电常数可以认为是水、冰、空气混合物的介电常数。根据混合介质介电模型，积雪的有效相对介电常数可表示为

$$\sqrt{\varepsilon_{\mathrm{snow}}}=f_{\mathrm{air}}+f_{\mathrm{ice}}\sqrt{\varepsilon_{\mathrm{ice}}}+f_{\mathrm{water}}\sqrt{\varepsilon_{\mathrm{water}}} \tag{2.17}$$

式中，$f_{\mathrm{air}}$、$f_{\mathrm{ice}}$、$f_{\mathrm{water}}$ 分别为空气、冰、水的体积比。如果是干雪，积雪的有效介电常数则是空气和冰的介电常数组合。

在微波频率区冰的介电常数实部 $\varepsilon_i'$ 基本不变，随温度也大致不变，一般可取常数 $\varepsilon_i'=3.15$。但冰的介电常数虚部 $\varepsilon_i''$ 不但随频率改变，也随温度而变。水的介电常数实部 $\varepsilon_w'$ 随频率增大逐渐降低，但低于 10GHz 时仍比冰的 $\varepsilon_i'$ 高一个数量级；而微波区水的介电常数虚部 $\varepsilon_w''$ 较 $\varepsilon_i''$ 高两个数量级。具体计算公式请参考曹梅盛等（2006），所以，干雪与湿雪的微波介

电特性显著有别。

### 2.2.4 发射率（$e$）

积雪发射率指积雪的辐射能力与相同温度下黑体的辐射能力之比，也称为比辐射率。它是温度、波长和观测角度的函数，计算公式如下

$$e(\lambda)=\frac{\text{积雪的辐射出射度}}{\text{同温下黑体的辐射出射度}} \tag{2.18}$$

积雪发射率与积雪的密度、液态含水量相关。在热红外波段，干雪发射率是0.965～0.995。在该电磁波区间，冰的吸收率高，最大值出现在波长接近10μm处，并且雪的离散结构使其辐射特性更加趋向黑体。图2.10是两个积雪样本在3～15μm波段的发射波谱。在这个波段，水的发射率和积雪没有太大区别，所以水的影响可以忽略。

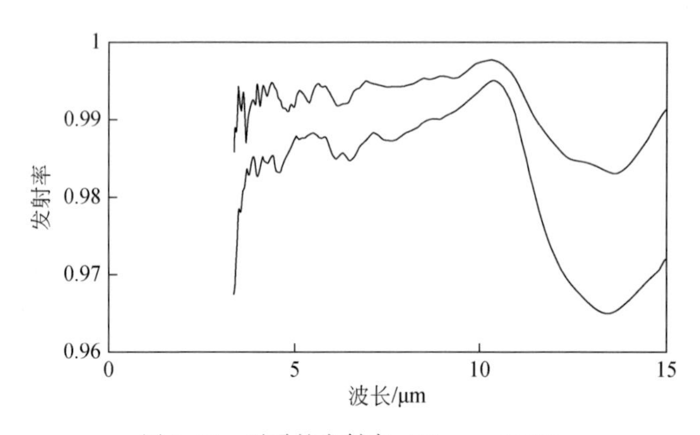


图2.10　干雪的发射率（Zhang，1999）

在微波波段，由于微波的强穿透性，利用微波辐射计获取的自然积雪亮度温度是积雪下垫面和积雪辐射的混合信号，积雪辐射的微波信号很难观测。根据基尔霍夫辐射定律，在热力平衡条件（没有能量损失的

情况）下，物体的发射率等于吸收率。在模型模拟中，通常认为吸收率等于发射率。在实际计算过程中，吸收率是介电常数的函数，表达如下

$$\gamma_a = \frac{2 \cdot \pi \cdot \varepsilon''}{\lambda_0 \cdot \sqrt{\varepsilon'}} \tag{2.19}$$

式中，$\lambda_0$ 为波长；$\varepsilon''$和 $\varepsilon'$分别为介电常数的虚部和实部。在积雪辐射传输过程中，也用该方法来计算积雪的发射率。

### 2.2.5　散射（$\epsilon$）

散射是指由传播介质的不均匀性引起的辐射波向四周扩射的现象。积雪覆盖地表的散射回波有 4 个组成部分：雪层表面散射、雪层体散射、雪层下垫面散射以及雪层下垫面与雪层之间的相互作用。对于不同的雪层表面、雪层以及雪层下垫面参数来说，这 4 部分在总散射回波中所占的比例不同。一般条件下，雪层体散射与雪层下垫面散射在总散射回波中占绝对优势。因此，这两个组成部分在基于辐射传输模型的不同积雪反演方法中都是必需的，而另外两个组成部分则根据实际情况作相应的取舍。雪层体散射考虑雪粒的形状、大小与分布，主要模型有瑞利散射模型、米氏散射模型以及密集介质的辐射传输模型。雪层表面散射与雪层下垫面散射两部分均属于面散射。

对于可见光而言，太阳光照射到雪面，光子穿过雪层受到冰颗粒的散射，虽然每个颗粒的散射回波较小，但经过成千上万的颗粒散射后，大部分光子被散射回雪面，因此积雪的反射率很高（见 2.2.1 节）。

对于微波而言，积雪散射主要体现在雪层内部的体散射。辐射的能量穿过雪层时受到冰颗粒的散射，冰颗粒越多，散射越强，则辐射出雪面的能量越少。波长越长，穿透性越强，散射越弱，辐射出雪面的能量

越高；波长越短，穿透性越弱，散射越强，辐射出雪面的能量越少。干雪的微波后向散射主要来自体散射，雪面粗糙度对其影响很小。但当频率较低时，由于穿透较强，后向散射反映的是雪-土界面的散射特征。积雪微波散射特性的详细信息请参考曹梅盛等（2006）。

## 2.3 积雪化学属性

### 2.3.1 杂质（*J*）

积雪中的杂质是指雪层中的不溶性物质，主要包括不溶性无机物和不溶性有机物。积雪中杂质含量表达为每单位重量积雪的杂质重量，一般用百分比（%）表达。不溶性无机物包括火山灰、宇宙尘埃和陆地尘埃（如矿物、岩屑）；不溶性有机物中一部分是随空气搬运沉积的有机物，如藻类、菌类、孢子、花粉和有机质等。

黑碳、有机碳和矿物粉尘是吸光性气溶胶最主要的组成成分。它们通过干湿沉降覆于积雪表面，成为积雪中的吸光性杂质。这些杂质通过降低积雪反照率，从而降低地表反照率，进而通过吸收更多太阳辐射，导致积雪快速消融，缩短积雪存留时间、减小其分布范围。

### 2.3.2 阴阳离子（$N_A$和$N_C$）

积雪中的阴阳离子来自于大气，其成分和离子浓度与大气环境状况及其变化等密切相关。积雪中的离子浓度定义为单位体积积雪融水中离子的数量，单位为mol/L。由于雪花形成过程中主要以核化清除和云内清除的形式实现对大气气溶胶的清除，这使得积雪中含有多种阴阳离子，主要包括 $NH_4^+$、$SO_4^{2-}$、$NO_3^-$、$Ca^{2+}$、$K^+$、$Mg^{2+}$、$Na^+$和 $Cl^-$等。积雪中的阴阳离子含量不仅取决于降雪时的气候条件，而且受大气干沉降、海拔高度、积雪冻融过程中的迁移转化以及人类活动等因素影响。因此，对降雪中化学成分的测定是探讨物源的有效途径，同时积雪样品中的化学成分一定程度上反映了大气环境特征及其污染状况。如海洋性气团可以提高积雪中 $Na^+$和 $Cl^-$的含量；$K^+$通常用于示踪生物质燃烧；城市地区积雪中 $SO_4^{2-}$ 和 $NO_3^-$ 的含量往往明显高于偏远地区，这主要是受人类活动的影响，因为 $SO_4^{2-}$ 和 $NO_3^-$ 主要来源于化石燃料的燃烧。

### 2.3.3 电导率（$\sigma$）

电导率（conductivity）是用来描述物质中电荷流动难易程度的参数，单位西门子/米（S/m）。积雪电导率是衡量雪水溶液传导电流的能力，与水中矿物质含量有密切关系。在一定范围内，离子浓度越大，所带的电荷越多，电导率值也就越大，因此，该指标可以间接推断出积雪水溶液中的离子总浓度。

### 2.3.4 pH（pH）

积雪 pH 是衡量雪水溶液酸碱度大小的数值，它以水溶液中氢离子浓度的数量级作为标准尺度，定义为氢离子浓度取对数的负值，具体公式为：$pH = -\lg[H^+]$。其中 $[H^+]$ 代表氢离子的浓度，单位为 mol/L。pH 数值范围在 0～14。酸雨是指 pH 小于 5.6 的雨雪或其他形式的降水，因此，pH 在酸沉降对中国典型积雪区的影响研究中具有重要意义。

# 第3章 积雪属性观测规范

本章将对各积雪属性的观测方法、观测仪器、原则、注意事项以及特殊情况的处理进行说明。积雪属性的说明按照野外积雪剖面观测过程中的顺序进行。

## 3.1 积雪物理属性观测

### 3.1.1 积雪剖面

积雪的物理特征参数需以选定的积雪剖面为观测对象。在野外积雪物理特征参数获取过程中，第一步需要选定积雪剖面观测样点和切剖规范的观测雪坑。

使用设备：直尺、雪铲、雪锯、GPS、坡度计

记录参数：经度、纬度、海拔、方位、标识名、坡度、环境照片、剖面照片、时间、坐标、坡度和天气

测量步骤：

(1) 观测人员首先进行积雪剖面样点选择。理论上，样点位置应根据任务需求选择。不同的需求选择的方式不同。但通常情况下测

量样点积雪要具有代表性。对于平坦地域，积雪剖面样点应保证样点周围无风吹雪堆、树枝落雪等。开阔地和草原选离道路10m以上均匀平坦位置；林下选距离树干1/2～2/3树冠的位置；林隙地选以多棵树木树干为边界，选择边界的中心平坦位置；山坡选坡面中心以下位置。对于斜坡地带，积雪剖面样点避开雪崩危险区，避免遭遇雪崩。

（2）观测人员使用直尺对已选择区域进行横向多次测量雪深，选择平均雪深值所在位置作为积雪剖面样点位置。

（3）用GPS定位样点位置并记录坐标、海拔、方位和标识名等信息，并拍摄周围自然环境的照片。若选定的积雪在斜坡处，使用坡度计对雪面坡度进行测量，记录坡度后，开始刨切雪面（图3.1）。

（4）雪坑的剖挖最佳时间为无光照期间，如有阳光照射剖面应该是背向阳光面，与地面垂直，例如早上朝西向，中午朝北向。

（5）站在采样点的下风向，用雪铲挖雪坑，直至地面或者冰面。将切挖出的积雪堆积在左右，保证待测剖面周围整洁。

（6）若雪深不超过1m，挖取雪坑长×宽为1.5m×1.5m的方形区域，保证观测人员和记录人员下蹲后可以顺利操作；若雪深超过1m，需加宽和加长雪坑，保证积雪不会坍塌，同时需要准备便于出入雪坑的攀爬工具（如凳子等），以便顺利测量。

（7）将雪坑的原胚完成后，应用雪锯进行修正，保证待测雪剖面与地面完全垂直且平整。

（8）在完成所有积雪物理特征参数的观测后，对挖取的雪坑进行回填。在野外积雪观测场，尤其要保证回填积雪覆盖观测的剖面。

图 3.1　方位和坡度测量

注意事项：

（1）积雪剖面点避开雪崩危险区和积雪已被干扰区域。

（2）雪坑剖面的朝向与风向一致但不要正对太阳，避免太阳的直射而影响雪层原温度分布特征。若两者冲突，可以使用物体遮挡阳光。

（3）挖出的雪堆积在雪坑剖面左右两侧，不能堆在前后，避免堆积的雪造成紊流，从而使风吹雪影响雪坑剖面原始特征。

（4）完成测量后，应回填雪坑。

（5）雪坑观测记录过程中，因野外条件艰苦、天气变化无常等原因，因应用铅笔记录，力求简明迅速。

## 3.1.2　积雪深度

雪剖面刨切完成后，第二步对雪深进行测量和记录。

使用设备：刻度为1mm的直尺（建议用折叠直尺）

记录参数：总雪深

观测步骤：

（1）将直尺贴于剖面，并保证直尺与地面垂直。如果采用折叠直尺，将折叠直尺折叠成“几”字形或三角形（图3.2），保证在积雪观测过程中尺子竖立平稳，然后贴于剖面。记录雪深数据为雪面对应的直尺刻度减去地面对应直尺刻度（通常地面对应的刻度为0cm）。读数精确到0.1cm。

（2）双尺校正：使用两个直尺贴于剖面然后进行折叠固定。以地表面为基准点，对应直尺的0cm刻度线，观测雪表面对应的两个直尺刻度并记录。记录雪深数据为两个直尺刻度测量雪深的平均值。

图3.2　切剖的雪剖面

注意事项：

（1）竖立的直尺不要倾斜，读数时，视线应垂直于雪表面与刻度尺。

（2）除读出最小刻度以上各位数字外，还应估读最小刻度下一位的数字。

（3）直尺可以长时间固定，以保障后期其他参数的测量。

### 3.1.3 雪层温度

由于周围空气温度的传导影响积雪剖面的原始温度，剖面切挖、直尺布置完成后，第三步应立即对雪层温度进行测量。

使用设备：双针温度计（量程-50～50℃，精度为±0.05℃）或一般的针式温度计或玻璃管温度计（水银或酒精温度计）

记录参数：空气温度、雪表温度、各雪层温度及相应的位置、土壤/雪层界面温度

测量步骤：

**1. 双针温度计测量步骤**

（1）将温度计打开，双针放置于空气中校准，当温度计显示数值稳定并且两个热敏探针响应的温度保持相同时，校准完成。记录空气温度。

（2）将热敏探针放置积雪表面，如有太阳光照，需应用塑料遮光板遮挡光线，将热敏探针放置阴影处，待显示屏读数稳定，记录显示屏数据，即为雪表温度。

（3）以5cm或者2cm为间隔（观测间隔根据需求而定），自上而下或自下而上将热敏探针水平插入（图3.3）。待读数稳定后记录数据。读数精确到0.01℃。

（4）温度测量完成后，将热敏探针放置于积雪和地表交界面，待读数稳定后，记录数据，即为地表温度。

（5）为保证温度测量值的准确性，每个剖面观测三组温度，然后取平均值。

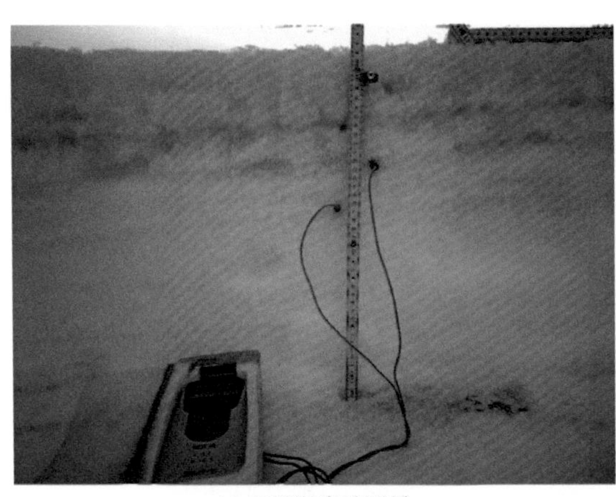

(a) 双针温度计测量

(b) 单针温度计测量

图 3.3　测量积雪雪层温度

**2. 单针温度计或玻璃管温度计测量步骤**

（1）进行温度计标定，将待用的温度计做上标记（如 1 号，2 号，3 号，…），同一高度同一朝向放置空气中，待温度计读数稳定后，记录所有的温度计数值。然后在同一高度插入雪层中，待温度计读数稳定后，再次记录所有温度计数值，便于观测数据的校正。

（2）将标定后的可用温度计放置积雪表面，如有太阳光照，需应用塑料遮光板遮挡光线（图 3.4），将温度计感应区放置阴影处，并自下而上从积雪和地表交界面开始，每隔 5cm（间隔可以根据需要进行调整）水平插入三只温度计（为保证温度测量值的准确性，建议每个剖面观测三组温度）。

（3）静置温度计至读数稳定后（根据不同的仪器反应速度而定，一般 10s），读取数据。读数精确到 0.1℃。

（4）每层积雪温度为三只温度计读数的平均值。

图 3.4　测量雪表温度

用挡板遮蔽直射太阳光

**3. U 盘温度计**

U 盘温度计的标定方式和观测步骤同一般温度计大体相同，不同的是 U 盘温度计标定应在实验开始前完成，因为 U 盘温度计是埋入雪层中或雪土界面处，无法现场实时读到数值，需待实验完成后取出导入计算机查看。

#### 4. 固定温度传感器观测

不管观测速度多快，只要剖面切挖好，雪层温度已经有所改变，所以雪层温度最好是定点观测，在下雪之前就将温度探头安装好，这样不会破坏雪层，探测的是完全自然条件下的雪层温度。其步骤如下。

（1）将所需温度探头提前进行标定，保证所有温度探头的测量值一致。

（2）进行安装，安装方式可参考图 3.5。温度探头全部安装在一根垂直的直杆上。根据所需设定探头位置，通常从土层表面开始，5cm 或 10cm 放置一个。也可以在土层下面安装，测量土壤的温度。

（3）所有探头连接数采仪自动记录数据。

图 3.5　固定积雪层理温度观测实例

注意事项（所有温度计）：

（1）温度计使用前需要在大气中校准。

（2）测量雪坑周围空气温度时，如有阳光，人须背身太阳站立，手持温度计的热敏探针于阴影处，切勿使温度计探头被阳光照射(图3.4)。

（3）测量雪表温度时，应用塑料遮光光板遮挡光线，将热敏探针放置阴影处。待温度计温度稳定后，读取数据。

（4）测量上层积雪时，由于太阳光依然会穿透雪层，会影响测量温度准确性。

（5）任何时候在整个积雪层中，雪层温度都不可能大于0℃，如测量值出现大于0℃，请检查是否遮光或校准。

（6）温度计应插入雪层深处（探针至少深入5cm），避免空气温度对其造成影响。

（7）玻璃棒温度计的读数需要人工判别刻度，并且当玻璃棒插入较深时无法看到温度显示的刻度，需要拔出温度计读数，因此，玻璃棒温度计读数一定要快。

### 3.1.4 积雪层理

雪层温度测量完成后，后续的其他参数测量（雪密度、积雪含水量、剪切力和化学采样等）会对积雪剖面造成破坏，因此，第四步应该对雪层层理进行观测和记录。

使用设备：直尺、毛刷、放大镜

记录参数：雪层层理结构，包括雪层号和高度位置

测量步骤：

（1）首先使用相机对雪剖面进行拍照，相机的垂直参考线与直尺平行。拍照时要求影像里的直尺刻度清晰、雪层的自然分层分界线清晰（图3.6）。

图3.6 剖面自然分层照片

（2）观察自然分层线，直视直尺，记录每一个雪层位置和厚度，然后再确定不同雪层的类型。

（3）对于分层不明显的雪层，应用毛刷轻刷，刷至明显分层后记录或者应用雪锯切剖放置太阳光下进行观测［（图2.8（b）］。其观测步骤为：利用雪锯切割一个立方体雪样，然后用雪铲将这个立方体雪样铲出，轻轻放置雪面，接下来用雪锯沿着垂直方向再次切割，直到剩下薄层积雪，此时在太阳光下可以看出积雪的明显分层［（图2.8（b）］，以直尺为参考记录分层厚度。分层自下而上标记，如图3.6（左）所示的剖面，分层记录为：第一层（0 ~ 11.3 cm），第二层（11.3 ~ 16cm），第三层（16 ~ 18.2cm）。

注意事项：

（1）保证直尺垂直地面。

（2）平视直尺观测分层位置。

（3）切割雪样时，一定要轻、慢，以免破坏雪样。

### 3.1.5 雪颗粒形态、粒径、比表面积

当完成积雪层理后，第五步是观测雪颗粒形态和粒径。由于多次降雪以及积雪内部温度梯度和含水量的影响，雪颗粒形态和粒径大小垂直方向上呈现差异。雪颗粒形态用放大镜直接观测，根据附录 1 进行判断。

**1. 雪颗粒形态观测**

观测使用仪器：毛刷、雪粒径板、放大镜

记录参数：雪颗粒形态

测量步骤：

（1）在待观测雪层的中间部位将雪粒径板水平完全插入积雪中放置至少 1min 冷却，使其温度和雪层保持一致，然后抽出一半，固定于雪层中。

（2）用毛刷将待测雪颗粒轻扫在雪粒径板上部（图 3.7），应用放大镜观测形态（图 3.8），对比参考雪形态观测卡片（附录 1 积雪形态卡片），确认积雪形态以后，记录代码（图 3.9）。对于表层积雪，如有阳光照射，观测时用遮光板遮住光线或者用毛刷将待测雪颗粒轻扫在雪粒径板上，取样雪颗粒后迅速拿到阴影处进行观测。

（3）根据观测到的雪层构造，对每一层的雪形态进行观测，并记录雪颗粒形态及其所在雪层。

图 3.7　雪颗粒采样

图 3.8　雪晶体颗粒形态观测和位置摄影

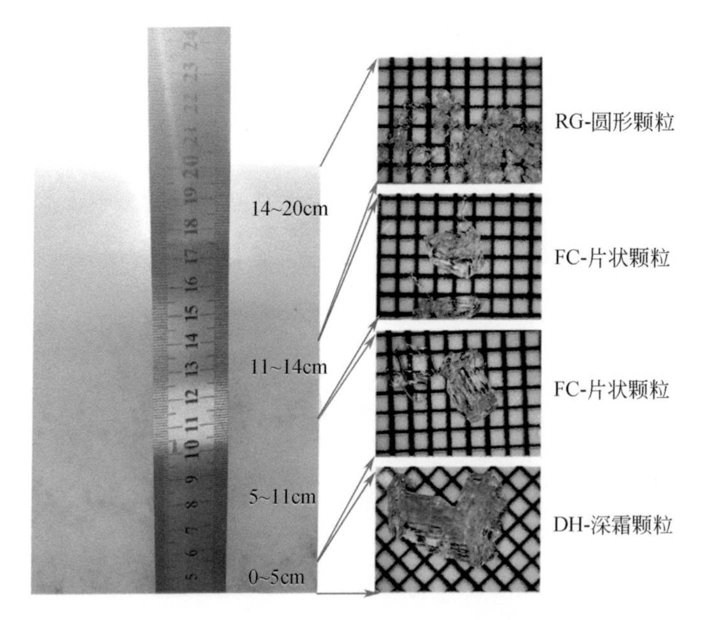


图 3.9　某积雪剖面积雪形态观测示例

最上层（14～20cm）包含明显的两层，17～20cm 是新降的雪，

14～17cm 是在此之前下的一场雪，但两者的积雪形态相同

注意事项：

（1）对雪粒径板要进行冷却处理，防止雪粒径板温度导致雪晶体变形。

（2）用毛刷轻扫雪样品，切勿用手接触雪颗粒，防止温度较高传导或挤压造成雪颗粒变形。

（3）观测过程中观测人员应佩戴口罩，防止因呼气等原因导致待测雪颗粒变形。

**2. 雪粒径观测**

雪粒径分为物理粒径和光学有效粒径。物理粒径可以用显微镜观测，而光学有效粒径则利用式（2.7）对测量得到的 SSA 进行转换。下面分别介绍物理粒径和等效粒径的观测步骤。

**1）物理粒径测量**

使用设备：毛刷、雪粒径板、数码显微镜 ViewTer-500UV（图 3.10 左）

记录参数：雪粒径（野外作业时一般记录雪粒径照片号，实验结束后导入电脑软件进行量测）

图 3.10　数码显微镜 ViewTer-500UV 和用于观测积雪比表面积的 IceCube

测量步骤：

物理粒径的测量：用毛刷将待测雪颗粒轻扫在雪粒径板上（图 3.7）。在雪粒径板识别雪晶体形态后，用数码显微镜 ViewTer-500UV 拍摄雪颗粒照片。为避免人为主观选择引起的误差，每一层至少随机选择 5 组颗粒进行拍摄。数码显微镜可以调节焦距，使粒径照片达到最高清晰度。如果粒径板没有固定尺度的网格，拍完粒径照片后，保持焦距拍摄带刻度的直尺作为长度量测的标尺。如果粒径板带有固定网格，则可免去此操作。记录对应分层颗粒的照片号和标尺照片号，待回室内后导入相应软件进行量测。测量时，记录每个颗粒的长轴和短轴（图 3.11）。记录值单位 mm，数据精确到 0. 01mm。

图 3. 11　积雪颗粒长轴和短轴量测结果样例

利用软件量测粒径的步骤如下。将待测粒径的照片和标尺照片导入软件，点击量测标尺，并输入标尺的刻度值，再量测雪粒径的长度（图 3. 12）。如果粒径板带有刻度，则将一个网格作为标尺，进行同样的操作。

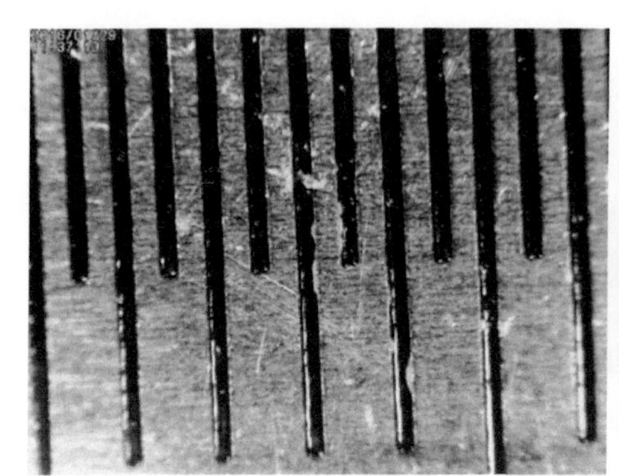

(a) 参考标尺

(b) 雪颗粒照片

图 3. 12　无网格粒径板的雪粒径观测

如果利用没有网格的粒径板进行雪颗粒拍照时，要先拍一张带有确定刻度的参照物（如左图的标尺）

注意事项：

（1）雪粒径板需要进行事先冷却处理。

（2）观测要迅速进行，防止雪晶体变形。

（3）观测时要避开阳光直射。

**2）光学等效粒径测量**

使用设备：毛刷、IceCube（图 3.10 右）

记录参数：比表面积（野外作业时只能记录下 IceCube 值，待回室内后导入计算机相关软件进行计算）

测量步骤：

（1）取出 IceCube 机体，放置于平坦地表，不通电放置 10 ~ 15min，使其温度与周围环境温度一致。

（2）10 ~ 15min 后，分别连接显示盒数据线、电源数据线。打开电源开关，显示盒开关（不开启激光），测量无激光状态下的环境信号值（将空样品盒放置在测量位置，记录环境信号值）。

（3）打开激光开关，继续放置 10 ~ 15min，预热激光。

（4）定标：依次测量 1# ~ 6#的 6 种反射率白板盒（图 3.13）的信号强度值。

（5）测量雪样：分层采集雪样品，测量每层的样品盒信号值，并记录。

（6）将测量的值（包括反射率板和雪样的电信号值）输入 IceCube 配套软件中，计算比表面积，即利用 IceCube_ SSA_ Converter，进行由信号值到 SSA 值的处理。依次输入定标参数，点击 Calibrate，若提示 Calibrate Succeed，则证明定标有效；若 Calibration quality 为 bad 及以下值，需要重新进行定标操作（图 3.14）。

图 3. 13　1# ~ 6#的 6 种反射率白板盒

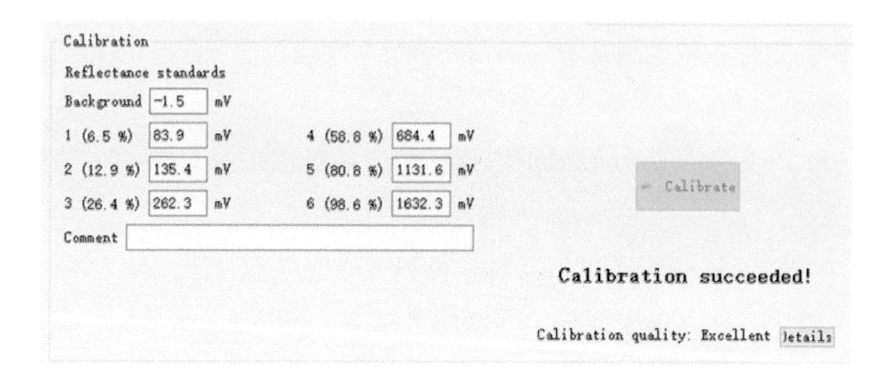


图 3. 14　IceCube_ SSA_ Converter 定标

（7）在输入框的 Signal 一列依次输入测定的信号值，回车之后即可得到对应的 SSA 值。可点击加号进行数据行数的增加。

（8）点击 Export Data，将录入数据导出为文本文件，可在 Excel 等其他软件中进行后续处理。

### 3.1.6 积雪密度

完成对雪颗粒的形态和尺寸测量后，第六步对积雪密度进行测量。目前，野外较常用的测量积雪密度的方法有称重法和介电常数反演法。称重法是直接测量法，通过获取积雪的体积和质量来计算密度。介电常数法是通过测量积雪的介电常数来反演雪密度。

常用的称重法有两种仪器。不同的仪器操作步骤不同。第一种是中国气象局采用的雪秤（图 3.15）。雪秤由带雪深刻度的雪筒、带雪压刻度的秤以及小铲组成。第二种是雪盒（或雪铲），包括量雪器和电子秤（图 3.16）。量雪器的形状和规格各异，下面分别介绍这两种方法。

图 3.15　利用雪秤观测雪压

(a) 三角形量雪器

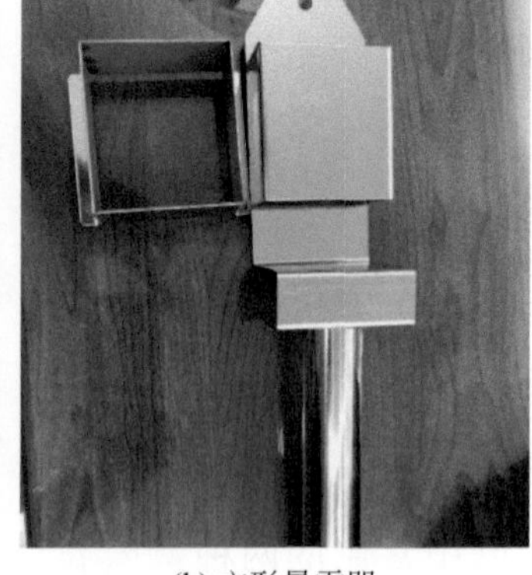

(b) 方形量雪器

图 3.16　不同形状的量雪器

**1. 雪秤**

使用设备：雪秤

记录参数：雪深和雪压

测量步骤：

(1) 在待观测区域选择一块典型样地，将雪筒垂直于地面插入雪层，带有锯齿的敞口端朝下，参照雪桶上的刻度记录雪深。

(2) 用小铲将雪筒周围的积雪清除，然后将小铲沿着雪桶口平插入雪层，使小铲面完全封住雪桶口，然后将雪筒倒过来。在这个过程中，小铲一直保持完全封住雪筒口的状态，以免积雪漏出导致低估。

(3) 用带雪压刻度的秤钩住称装有积雪的雪桶，移动圆形砝码，直到秤杆水平（图 3.15），此时记录雪压值。

(4) 雪密度用雪压值除以雪深获取。

注意事项：

(1) 雪筒插入雪层时，不能完全到底，以免铲入土壤导致高估。

(2) 倒立雪筒时注意雪筒另一端的底盖不要脱落。

（3）选择样地时，尽量选择地面平坦处。

**2. 雪盒（或雪铲）**

所有雪盒（或雪铲）测量积雪密度的原理和步骤大致相同，即利用量雪器取雪，然后利用电子秤称其重量，积雪密度是雪的质量和量雪器体积的比值。市场上的电子秤多样，只要精度达到0.1g即可。量雪器制作简单，形状各异，有柱体（图3.15）、锥体［图3.16（a）］方体［图3.16（b）］等，形状和规格可以根据实际需求决定。下面以我们试验中常用的两种量雪器（图3.16）为例介绍测量步骤。

使用设备：雪盒（或雪铲）、电子秤、毛刷

记录参数：雪的质量和体积

测量步骤：

（1）将电子天平放置平坦处，保证水平，调零。将空的量雪器放在电子秤上［图3.17（a）］，称其重量，并记录数值。

（2）利用量雪器取雪。图3.16中的两种量雪器构造不同。三角形量雪器由敞口并带槽的锥体和一块用于封住敞口的盖板组成，如图3.16（a），称为雪铲。方形量雪器，也称为雪盒，是一个带有手柄的方盒，沿着手柄方向，方盒的两端敞口，并且在方盒前端延伸出一个梯形片，便于插入雪层［图3.16（b）］。量雪器的大小规格不同，容易制作，测量者可根据自己的需求制作。测量某一层的积雪密度时，如果是椎体量雪器，将量雪器平行于雪层轻轻推入待测雪层，尽量避免破坏雪层的结构，直到完全进入雪层，然后将量雪器的盖子沿着固定槽推入雪层盖住量雪器，将取得的雪封在量雪器内。如果是雪盒，则将方形盒水平推入待测雪层中［图3.17（b）］，当积雪完全掩盖方形盒后，用平铲揭去上层积雪，然后用盖子切割将样品封装在盒内［图3.17（c）～（d）］，并用毛刷刷去掉粘在量雪器外围的积雪［图3.17（e）］。

(3) 将积雪样品轻轻倒至天平托盘中，并用毛刷将黏附在量雪器内的积雪清扫至天平托盘中。待天平稳定后，读取显示屏数字并记录样品重量和位置。为防止积雪取样不小心掉在天平托盘外，可以将取好雪样的量雪器直接放在托盘上称其重量［图 3.17（f）］，待天平稳定记录其重量 w1。然后倒掉积雪，并用毛刷将量雪器内的雪刷除干净，称量雪器的重量 w2。雪样的重量则是 w2-w1。雪密度为样品重量除以量雪器体积。

(4) 测量分层密度时，自上而下进行测量，图 3.17 展示了利用雪盒取雪的全过程。首先，在挖开的剖面上竖立直尺，根据直尺刻度标记好需要取雪样的位置。然后，自上而下进行测量。为了避免主观误差，每一层测量三次密度。由雪盒取雪时必须去掉雪盒以上的雪，因此，利用雪盒必须自上而下观测。

图 3.17　方形量雪器称重法积雪密度测量操作过程

注意事项：

（1）用特定取样器采取和切割样品时，需注意积雪应充满量雪器，不得留有空缺。

（2）对积雪含水量较高的积雪，黏附性强。应注意，在采样后需要对采样容器外部清理积雪。在将积雪倒入天平托盘后，注意检查方形盒内积雪是否完全倒入，如有黏附的积雪，需用毛刷清扫至天平托盘中。

（3）每测量一次应对天平进行调零。

**3. 介电常数反演法**

通过测量积雪的介电常数来反演积雪密度也是目前常用的野外积雪密度观测法。该方法较之传统的称重法简单便捷。目前，利用介电常数测量雪密度的仪器有 Snow Fork 和 Snow Sensor。前者比较常见，后者对雪面平滑度要求很高，不太适合中国区域常见的深霜层密度观测。利用 Snow Fork 测量积雪密度的同时，也可获得介电常数和液态含水量（图 3. 18），其具体步骤和注意事项如下。

使用设备：雪特性分析仪（Snow Fork）

记录参数：积雪密度、体积含水量、介电常数

测量步骤：

（1）打开仪器，将探头在空气中静置 15min，在大气中进行校准。将雪叉置于户外，使其与环境温度保持一致；连接好仪器，打开液晶面板，当第一校准值的衰减率保持在 1200 ~ 1500，频率介于 800 ~ 900MHz，带宽介于 19 ~ 21MHz 时，开始对积雪密度进行测量。

（2）调试设备进入测量状态，选择测量模式，设置好存储位置、存储时间和编号。

（3）将探头水平插入待测雪层中，积雪完全掩盖插头后保持稳定，

然后保存和储存测量数值（图3.18）。每层测量三次。

（4）将测量的数据导入计算机。观测时液晶面板会显示密度和含水量数值，但不显示介电常数数值，因此，观测时可记录密度和液态含水量，但介电常数需导入计算机读取。其他具体操作及仪器技术规格等请参考说明书。

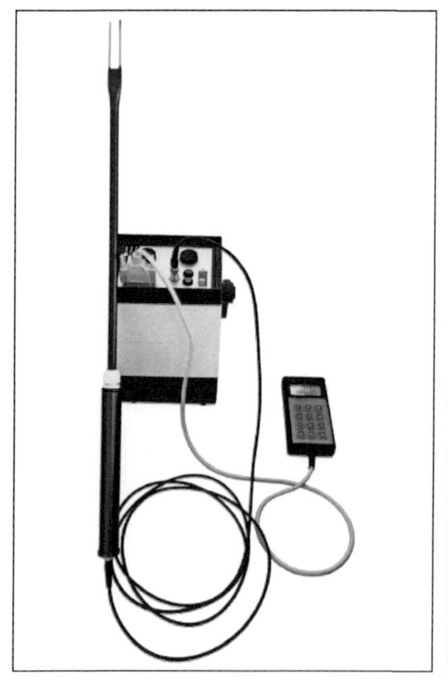

图3.18 Snow Fork及应用

注意事项：

（1）启动Snow Fork，检查电源电量是否在规定范围内，如果电量不足，则结果不准。

（2）应将Snow Fork的金属探头水平插入雪层。

（3）避开雪中杂质较多（黑碳、秸秆、松枝等）的测量部位，以免干扰测量值的准确性。

（4）测量过程中，周围不应有金属器件，防止对介电信号产生干扰。

（5）测量时，注意 Snow Fork 探头与积雪和空气界面的距离必须超过 5cm，以保证测量数据的可靠性。

不同测量方法在同一雪层观测的密度值存在一定的差异，不同性质的积雪差异的大小也不同。因此，在野外操作中，根据实际情况选择积雪密度测量系统。根据已有的观测，Snow Fork 观测值普遍低于称重法的观测值，因此，Snow Fork 的测量数值需要进行系统纠偏。

### 3.1.7 积雪含水量

积雪含水量可以用 Fierz（2009）经验估计的方法记录，定量观测则一般采用热融法或介电常数反演法。下面分别介绍这三种方法。

**1. 积雪含水量定量估计表法**

使用设备：积雪含水量定量估计表，放大镜，温度计

记录参数：含水量范围

测量步骤：

（1）利用温度计观测雪层温度，确认在0℃以下。

（2）用手挤压积雪观察是否黏附。

（3）利用放大镜观察是否有液态水存在。

（4）根据积雪体积含水量定量估计表（表 3.1）中的具体描述判断。

表 3.1　积雪体积含水量定量估计表

| 类型 | 湿度指数 | 代码 | 含水量/% | 具体描述 |
|---|---|---|---|---|
| 干燥 | 1 | D | 0 | 雪层温度都在0℃以下，分散的雪花颗粒在挤压时几乎没有相互黏附的倾向 |
| 潮湿 | 2 | M | <3 | 雪层温度为0℃，液态水在10×放大倍数下不可见。分散的雪晶体有明显粘在一起的倾向 |
| 润湿 | 3 | W | 3～8 | 雪层温度为0℃，液态水在10×放大倍数下可见。对积雪压缩，水不能渗出 |
| 湿润 | 4 | V | 8～15 | 雪层温度为0℃，对积雪适度挤压后水可以被压出（雪晶体呈现连锁状态） |
| 浸湿 | 5 | S | >15 | 雪晶体被水浸湿，此时空气占整个空间的20%～40% |

**2. 热融法**

使用设备：双针温度计（量程-50～50℃，精度为±0.05℃），电子天平，绝热保温杯

记录参数：积雪体积含水量

测量步骤：

（1）测定绝热保温杯质量为 $m_1$。

（2）将50～60g 50℃左右的温水加入到绝热保温杯，测定质量为 $m_2$。

（3）测定温水的温度为 $T_1$。

（4）用平铲在待测雪层中取雪样。

（5）将雪样（15～20g）加入保温杯之中，均匀混合，直到雪全部融化，待其温度稳定后测其温度为 $T_2$。

（6）使用天平测量加入热水和雪样本保温杯的质量，记为 $m_3$。

（7）温水的质量 $M_1=m_2-m_1$，雪样的质量 $M_2=m_3-m_2$。根据式（3.1）计算可得雪层含水量 $W$。

$$W=\left[1-\frac{1}{79.6}\left\{\frac{M_1(T_1-T_2)}{M_2}-T_2\right\}\right]\times 100\% \tag{3.1}$$

注意事项：

（1）加入的待测雪样为温水的1/3左右。

（2）应迅速将雪样加入保温杯中，减少温水的热量耗散。

**3. 介电常数反演法**

使用设备：介电常数观测仪器

记录参数：积雪的介电常数实部和虚部，积雪含水量

测量步骤：

（1）利用积雪介电常数测量设备测量积雪的介电常数实部和虚部。

（2）利用相应的公式计算积雪液态含水量。Snow Fork 是目前最方便快捷、使用最广泛的积雪介电常数测量仪器。利用 Snow Fork 或其他介电常数观测步骤和注意事项见 3.1.6 节。基于 Snow Fork 测量的介电常数以及积雪液态含水量和积雪密度的公式如下

$$\varepsilon'=\left(\frac{890}{f}\right)^2=\left(\frac{f_{\mathrm{air}}}{f}\right)^2 \tag{3.2}$$

$$B_{\mathrm{air}}=0.04\ (f-400) \tag{3.3}$$

$$Ws_v=-0.06+\sqrt{0.06^2+\frac{\varepsilon''}{0.0075f}} \tag{3.4}$$

$$\varepsilon''=\frac{B-B_{air}}{f\varepsilon'} \quad (3.5)$$

$$\rho_s=-1.2142857+\sqrt{1.2142857-\frac{1+8.7Ws_v+70Ws_v^2-\varepsilon'}{0.7}}+Ws_v \quad (3.6)$$

$$Ws_w=\frac{Ws_v}{\rho_s} \quad (3.7)$$

式中，$f$ 为共振频率（MHz）；$f_{air}$ 为大气共振频率（MHz）；$\rho_s$ 为积雪密度；$B$ 为 3dB 带宽（MHz）；$B_{air}$ 为空气 3dB 带宽（MHz）；$Ws_v$ 为液态水体积含水量（%）；$Ws_w$ 为液态水重量含水量（%）；$\varepsilon'$ 为介电常数实部；$\varepsilon''$ 为介电常数虚部。

### 3.1.8 积雪硬度

积雪硬度测量有两种方法：经验法和指针式推拉力计测量法。经验法是根据表 3.2 来估计积雪硬度，获得的估计值是一个范围。该表中的硬度判别标准由国际冰冻圈协会（IACS）制定（Fierz et al.，2009）。指针式推拉力计测量可以得到确切的压力值，观测值单位为牛（N），需要通过公式换算成帕（Pa）。

**1. 经验法**

使用设备：积雪硬度判别标准表、铅笔、刀片

记录参数：硬度等级和压强范围

测量步骤：

根据表 3.2 中的操作方法判别积雪硬度。

**表 3.2 积雪硬度判别标准**

| 等级 | 代码 | 操作方法 | 估算压强/Pa |
| --- | --- | --- | --- |
| 很软 | F | 四指并拢，握拳，大拇指向外，用力推压雪面 | $0\sim10^3$ |
| 软 | 4F | 四指并拢，伸直用力推压雪面 | $10^3\sim10^4$ |
| 中等 | 1F | 一个手指伸直用力推压雪面 | $10^4\sim10^5$ |
| 硬 | P | 铅笔插入雪面 | $10^5\sim10^6$ |
| 很硬 | K | 刀片插入雪面 | $>10^6$ |

### 2. 指针式推拉力计测量法

使用设备：指针式推拉力计（量程为100N，由直径为15mm的接触底盘、刻度表盘、测力计传感器构成）。说明：观测积雪硬度时，直径为15mm的接触底盘使用频次最高。不同的接触底盘会给压强量测带来一定的系统误差，因此，为了统一，将所有的压强都统一到直径为15mm接触底盘获取的压强，称之为$PR_{15}$。

记录参数：推拉力计显示值（表示力的大小）

测量步骤：

（1）检查推拉力计的传感系统是否正常，仪表调零复位（图3.19）。

（2）在待测积雪表面划定1m×1m的测量样地，将接触底盘放于雪表面，打开开关，用力等速推动推拉力计，将接触底盘压破雪面。

（3）读数并记录，在测量样地内反复测量12次。积雪表面硬度为测量的推力（$W$，单位：N）除以推拉力计的底盘面积（$S$，单位$mm^2$）（$PR_{15}$：利用接触底盘面直径为15mm的压力计测量的压强，接触底盘面积$=\pi\cdot r^2$，$r=7.5mm$，所以接触底盘面面积为$177mm^2$，压强（$PR_{15}$）$=W/177$）。

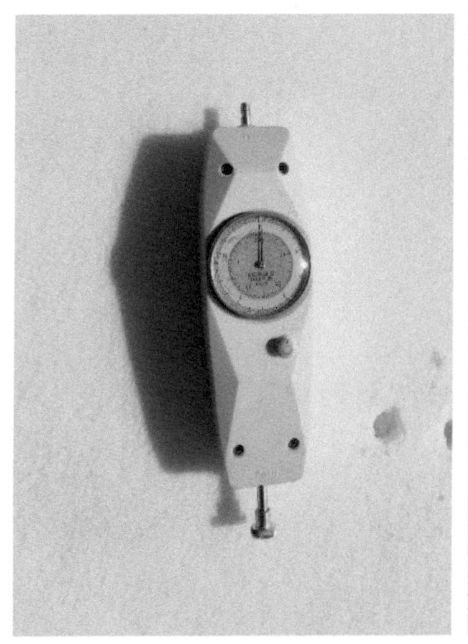

图 3.19　利用硬度计测量积雪硬度

注意事项：

（1）每次测量完成，推拉力计进行复位调零。

（2）需迅速推进推拉力计，推拉力计接触底盘伸进待测雪面1～2cm。

（3）如果积雪面太硬，观测值超过量程，可以更换小的接触底盘，让其观测值在量程范围内，但此时的测量值不是真实值。这种情况下，其真实值需要根据测量值进行换算，换算公式如下（接触底盘的直径为 $d$）

$$PR_{15}=PR_d/(0.5+8/d) \tag{3.8}$$

### 3.1.9 积雪剪切强度

利用称重方法测量积雪密度时，要将待测量层以上的积雪去掉。因此，在测量完某一密度后，便可测量该层的积雪剪切度。

使用设备：指针式推拉力计（量程为100N，由直径为15mm的接触底盘、刻度表盘、测力计传感器构成），剪切盒（有效剪切面积为0.025$m^2$），平铲

记录参数：推拉力计显示值（表示力的大小）

测量步骤：

（1）检查推拉力计的传感系统是否正常，仪表调零复位。

（2）将待测雪层以上部分积雪用平铲移除，用剪切盒插入积雪直至剪切盒完全没入（可以用锤子轻轻地敲打剪切盒，使其完全没入）[图3.20（a）]；用平铲将剪切盒与外围积雪分开，分隔线见图3.20（b）红色线。

（3）将推拉力计迅速拉伸，直至拉切雪层和原始雪层完全错位，记录推拉力计的数值。为了降低测量误差，对一个待测雪层测量至少12次，记录平均值。剪切强度为推拉力计的数值除以有效剪切面积（0.025$m^2$）。

注意事项：

（1）每次测量完成，推拉力计进行复位调零。

（2）需使用平铲将剪切和周围积雪清理干净。

（3）迅速拉拽待测雪层，保持推拉力计与剪切盒平行。

（4）需拉切雪层和原始雪层完全错位。

(a) 剪切强度测量

(b) 剪切盒和针式推拉力计

图 3.20　积雪剪切强度测量

红色框线为剪切盒与外围雪的分隔线

## 3.1.10　积雪取样和样品冷藏

积雪化学属性的确定大多均需要在实验室进行，因此需要对积雪进行取样。采样的操作步骤如下。

使用设备：密封采样袋或采样瓶（为方便运输，一般用采样袋），采样器，一次性手套

记录参数：采样袋编号

采样步骤：

（1）对采样袋或采样瓶进行编号，表层积雪的采样袋或采样瓶编号为 s，按照雪层自下而上依次编号（图 3.21）。

（2）戴上手套，使用采样器插入雪层采集雪样，打开采样袋或采样瓶，将雪样倒入采样袋或采样瓶中，并将其压实。

（3）进行密封处理。将采集后的雪样放置于干净的保温箱内，带回实验室后进行分析。

图 3. 21　积雪样袋

注意事项：

（1）保持采样袋和采样瓶干净、干燥。

（2）采样底部积雪要注意防止混合积雪底部泥土。

（3）对采样后的采样袋和采样瓶进行密封并检查。

## 3.2 积雪电磁波属性观测

### 3.2.1 反射率

积雪反射率采用光谱仪观测。以两种光谱仪为例进行说明。第一种是由美国ASD公司生产的ASD光谱仪（Analytical Spectral Device），第二种是由美国Spectral Evolution公司专为野外地物波谱测量设计的PSR-3500便携式地物光谱仪（PSR Series In GaAs/Si All Photodiode Array UV-VIS-NIR Full Range Portable Spectroradiometers），下面分别介绍积雪光谱观测步骤和注意事项。

**1. ASD光谱仪**

使用设备：ASD光谱仪（图3.22）、笔记本电脑、遮阴板、记录表、铅笔、橡皮、卷尺（2m以上）、GPS、水准棒、电子表或者手表、三脚架、整理箱

记录参数：光谱反射率值

操作步骤：

（1）连接探头手托、主机箱和笔记本电脑。

（2）打开光谱仪（对仪器进行校准时，打开光谱仪预热15min）。

（3）打开笔记本电脑和操作软件（操作界面见图3.23）。

（4）进行数据路径等的设置。

（5）进入操作主画面，对准参考板（距离20～30cm）优化（按Opt）。

（6）测量暗电流（按DC）。

（7）测量光照参考板（一般为Raw DN值），测参考板2次，每次5条平均。

图 3.22　ASD 光谱仪

（8）测量遮阴参考板 2 次，每次 5 条平均。

（9）测量光照地物，探头高度按照观测目标确定，每次 5 条平均。

（10）测量遮阴地物，探头高度同上，每次 5 条平均。

（11）结束当前测量，关闭光谱仪，再关闭笔记本计算机，收起连接线。

（12）记录人员按表格记录各项内容，拍摄测量目标和周围环境。

注意事项：

（1）参考板要保持清洁。

（2）测量中，一般每 10min 左右进行一次参考板测量校准。当光照条件变化大时，加密参考板测量。

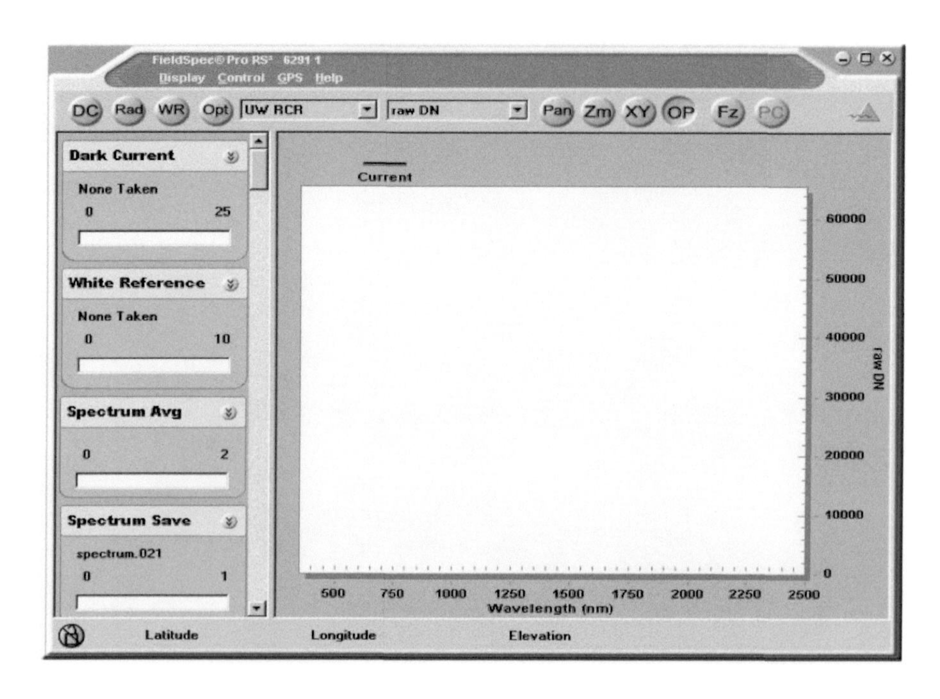


图 3.23 ASD 光谱仪配套软件的操作界面

（3）保护好光缆线的探头部分，不能踩到光缆线，不测量时，探头要盖上保护盖。另外，5°的视角镜也要注意保护。

（4）测量时，注意挪动主机箱部分要托住底座。

（5）保护笔记本电脑，不要在开机状态拔插连接线。软件包中的文件不要随便删除或修改，记录的光谱数据文件存储路径不要放在 FR 目录下。

（6）测量一组目标时，要在同一个优化条件下（保持积分时间一致）。

（7）每组 3 人测量，分别负责操作主机、笔记本、探头、参考板、记录等。

（8）测量者应面向太阳直射方向（垂直主平面方向），尽量减小测量人员对被测物的影响。测量时应穿深色衣服。

（9）测量时尽量使用 DN 模式，不要使用 reflectance 模式。测量记录人员需要和测量者沟通测量参考板及地物光谱的时间。

（10）与遥感同步观测时（一般都是测量地物和背景混合光谱），探头采用裸露光纤测量参考板、地物和遮蔽的参考板；测量即将结束时，分别测量地物和背景的纯光谱特征曲线，此时宜采用 5°视场角的探头测量，同时也要测量参考板和遮蔽的参考板（5°）。

（11）测量地物和背景混合光谱时，探头和地面的距离稍远，手臂基本和地表平行测量；测量地物和背景纯光谱时，探头和被测物可以保持更小的距离，以减小误差。

**2. PSR-3500 便携式地物光谱仪**

使用设备：PSR-3500 光谱仪（图 3. 24）

图 3. 24　PSR-3500 便携式地物光谱仪

记录参数：光谱反射率值

测量步骤：

（1）在 PAD 上打开 DARWin 软件，选择蓝牙对应 COM 口后，连接光谱仪(图 3.25)。

（2）根据测量需求，选择所用镜头，并设置测量参数（图 3.25)。

（3）将光谱仪镜头对准参考板并使镜头视场完全在白板上，并将 DARWin 软件选择为 Scan，等待仪器稳定后点击 Ref，进行参比测量；完成后点击 Tgt，生成一条 1.0 的直线，可以验证采集参比成功。

（4）完成参比测量后，将光谱仪镜头移动到被测积雪上方［图 3.26（a)］，保持稳定后，点击 Tgt 进行测量［图 3.26（b)］。

（5）点击红色圆点按钮，可以进行录音，记录被测物的情况。

（6）将掌上电脑 PDA 移动到被测物上方，选择 DARWin 软件中的 Image，可以拍下被测物的照片，照片名称与测量时的文件名相同。

（7）数据导出，通过在 PC 端安装微软的同步软件，可以将 PDA 中的文件导出到指定文件夹。

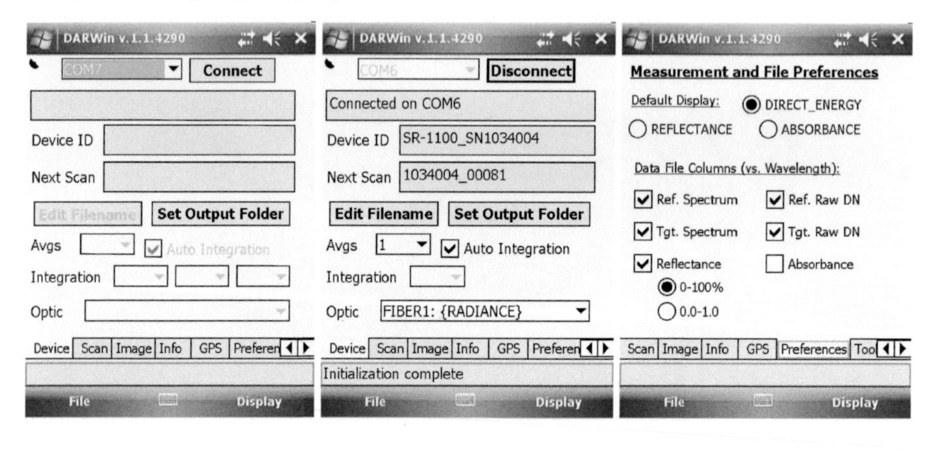


图 3.25　DARWin 操作界面

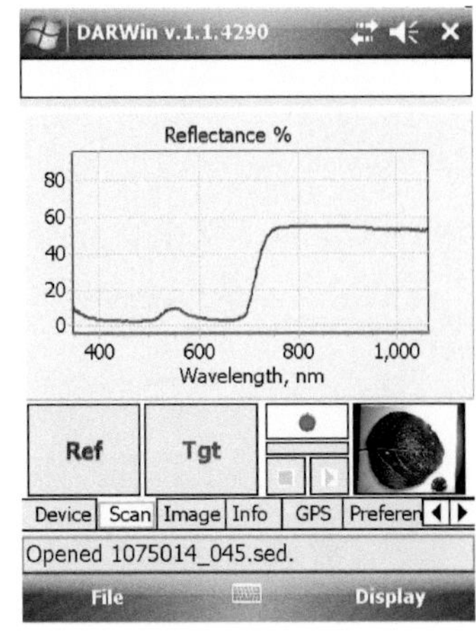


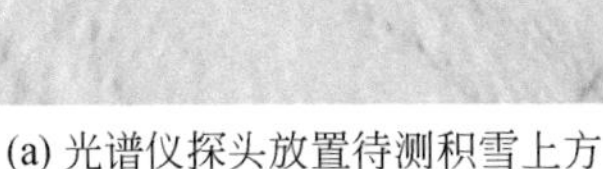
(a) 光谱仪探头放置待测积雪上方

(b) 光谱仪PDA测量界面

图 3. 26　测量光谱反射率

注意事项：

参考 ASD 光谱仪。

## 3. 2. 2　反照率

利用便携式辐射表测量向下和向上的辐射量，利用向上辐射量除以向下辐射量得到积雪反照率，即雪面反照率=上行辐射亮度/下行辐射亮度。如果用的是总辐射表，可以计算出雪面的总反照率；如果采用短波辐射表和长波辐射表，则可以计算出分光的雪面反照率（即短波波段反照率和长波波段反照率）。下面以四分量辐射表（提供上行和下行的短波和长波辐射测量）为例，介绍反照率测量规范。

使用设备：四分量辐射表、数据采集器、三脚架、四分量放置杆

记录参数：上行辐射、下行辐射

测量步骤：

四分量辐射表有两种，一种是上行辐射和下行辐射表为一个整体（如CNR4），另一种是上行辐射表和下行辐射表分开（如CMP3/CMP6）。它们的安装步骤稍有差异。

CNR4安装步骤：

（1）将三脚架平稳放置，使横杆安放位置高度为1m，拧紧各伸缩筒的固定螺丝，压实并固定各个支撑脚。

（2）将横杆放置在三脚架上，先不要拧紧固定螺丝。

（3）将辐射表拧上横杆，使表上的水平气泡居中。此时注意三脚架平衡，防止横杆因单边受力而倾倒。连接好数据传输线，谨慎操作，防止连接头掉进雪里引起短路。尽量将数据传输线缠绕在横杆上，以减少对辐射测量的干扰。

（4）将横杆上的辐射表转向太阳方向，并拧紧固定横杆的螺丝。安装完成后的状态见图3.27（a）。

（5）在数据采集器的箱内，将电源接通，仪器即开始记录数据。操作人员应将通电和断电时间及时报予记录人员。

CMP3/CMP6安装步骤：

该辐射表的安装方式与CNR4略有差异，需要在横杆的两端分别安放一个辐射表。朝向太阳的一端测量上行辐射，辐射表面向地面。另一端测量下行辐射的表，辐射表面向天空。

（1）将三脚架平稳放置，使横杆安放位置高度为1m，拧紧各伸缩筒的固定螺丝，压实并固定各个支撑脚。

（2）将横杆放置在三脚架上，先不要拧紧固定螺丝。

（3）一般先安装朝下的辐射表，拧紧固定螺丝后，调整表头角度使之垂直朝下。托住横杆使之平衡，缓慢转动横杆，将已安装的辐射表转向太阳一侧。继续安装另一块辐射表。安装时注意保持杆的平衡，防止脚架倾倒。安装完成后的状态见图 3. 27（b）。

（4）在数据采集器的箱内，将电源接通，仪器即开始记录数据。操作人员应将通电和断电时间及时报予记录人员。

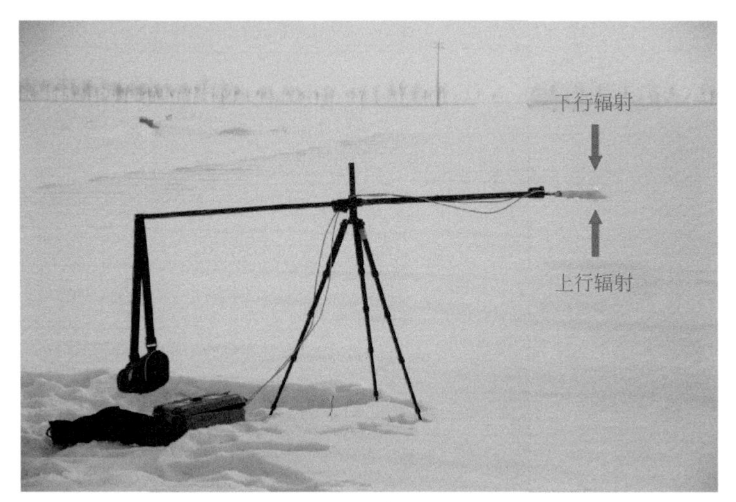


(a) CNR4

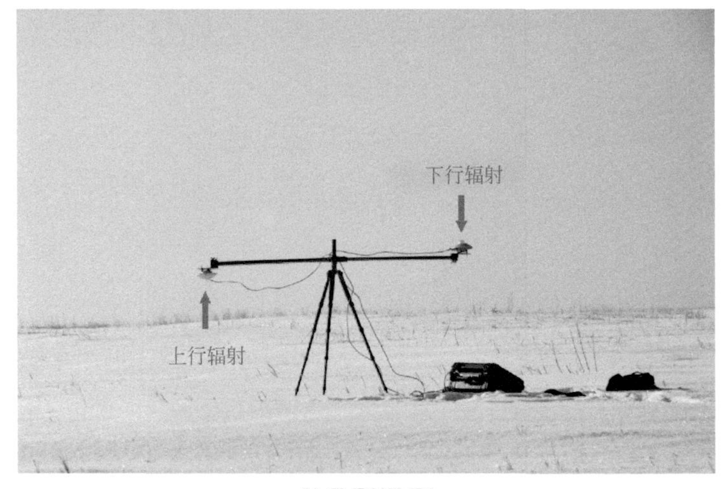


(b) CMP3/CMP6

图 3. 27　四分量架设样例

注意事项：

（1）要求积雪场半径4m内没有其他物体干扰。

（2）注意保持地面积雪完好，没有破坏。

（3）安装辐射表的横杆务必水平。

（4）由于CNR4仅安装在横杆的一端，另一端是空的，故需要在横杆另一端挂上平衡物［图3.27（a）］并拧紧固定螺丝，以防横杆在水平面内转动。

### 3.2.3　积雪介电常数

获取介电常数是获取积雪密度和液态含水量的间接方法。已有研究根据不同的微波频率制作电磁共振器测量积雪介电常数（Sugiyama et al.，2010；Stacheder et al.，2009；Geldsetzer et al.，2009；Nakata et al.，2005）。目前国际上常用的易于携带，方便操作的测量介电常数的仪器是芬兰的雪特性分析仪（Snow Fork）。该仪器直接测量共振频率、衰减度和3dB带宽这3个电参数。利用这3个测量值可计算得到积雪介电常数，并通过半经验公式计算得到积雪密度和液态含水量。介电常数虚部与积雪含水量直接相关，而介电常数实部则依赖于积雪密度与积雪含水量（Martti et al.，1984；Ari and Martti，1986）。利用Snow Fork测量介电常数的具体步骤见3.1.6节。

## 3.3　积雪化学属性观测

### 3.3.1　积雪中的黑碳含量

积雪中黑碳含量是通过在室内分析带回来的雪样获取（图3.28）。

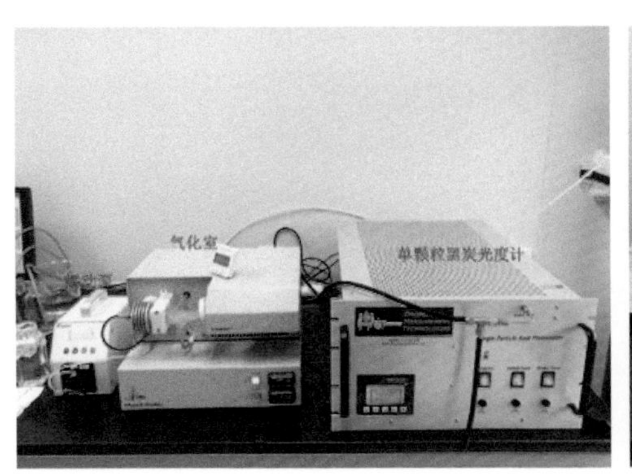

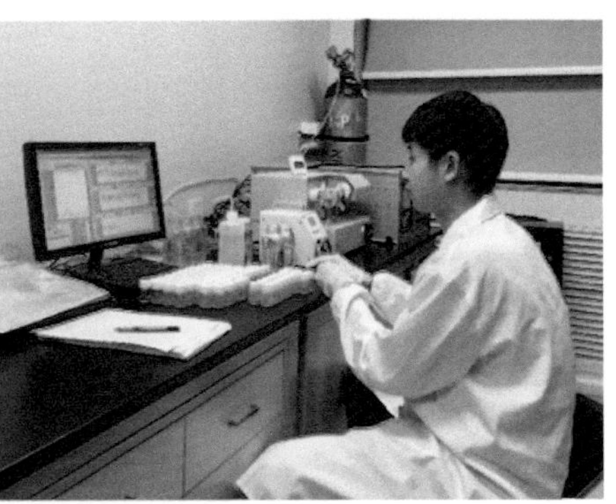

图 3.28 雪样中黑碳的测量设备场景

使用设备：单颗粒黑碳光度计（Single Particle Soot Photometer，SP2）、气化室、蠕动泵、超纯水、10ng/ml 胶体石墨标准样品、15ml 透明 PET 材质塑料瓶、PSI 软件、待测雪样

记录参数：黑碳含量

测量步骤：

（1）将雪样在常温下融化，放入用超纯水清洗过的 15ml 透明 PET 材质的塑料瓶中，样品测试前超声 15min。

（2）测量蠕动泵流速。由于蠕动泵流速在测样过程中会因为老化而逐渐降低，因此，每测一个样品都需要测量蠕动泵流速。

（3）测样前用蠕动泵吸取一定浓度的粒径为 200nm 的聚苯乙烯颗粒（polystyrene latex，PSL，一种标准球形颗粒，具有粒度分布窄、形状规则的特点，常用于粒度校正），通过 SP2 散射颗粒采集方式测得的颗粒浓度与标准样品中颗粒浓度的比值来计算雾化效率。

（4）选择黑碳采集方式，采集但不记录散射信号，避免散射颗粒信号带来的巨大数据量。

（5）测量超纯水本底及10ng/ml胶体石墨标准样品（胶体石墨由DMT公司提供，是一种理想的SP2校正、测试标样），用于评估仪器的长期稳定性。

（6）黑碳数据采集，根据监测线对应的数值来确定样品中黑碳颗粒的采集数量（采集数据通常为该数值的100倍）。

（7）测样结束后，调回散射颗粒采集模式，重做PSL标样，监测雾化效率的变化。

（8）将泵速、雾化效率、样品号、数据编号等信息代入PSI软件（瑞士Paul Scherrer Institute研究所开发的基于IGOR的SP2专用数据处理软件，免费开放使用）中的Ice Core模块，可得到样品中黑碳的浓度。

注意事项：

（1）尽量在超净实验室进行，以免影响结果。

（2）一批样品测量前和测量后均要测量蠕动泵的流速，检测流速变化。

（3）在黑碳数据采集过程中，获取足够数量就可以测量下一个样品，需要人为控制进样量。

### 3.3.2　积雪中的阴阳离子

积雪中离子分析项目包括：阳离子（$Na^+$、$NH_4^+$、$K^+$、$Mg^{2+}$、$Ca^{2+}$）和阴离子（$F^-$、$Cl^-$、$NO_2^-$、$SO_4^{2-}$、$NO_3^-$、$PO_4^{3-}$）。

使用设备：美国Dionex-AQ型离子色谱仪（图3.29）

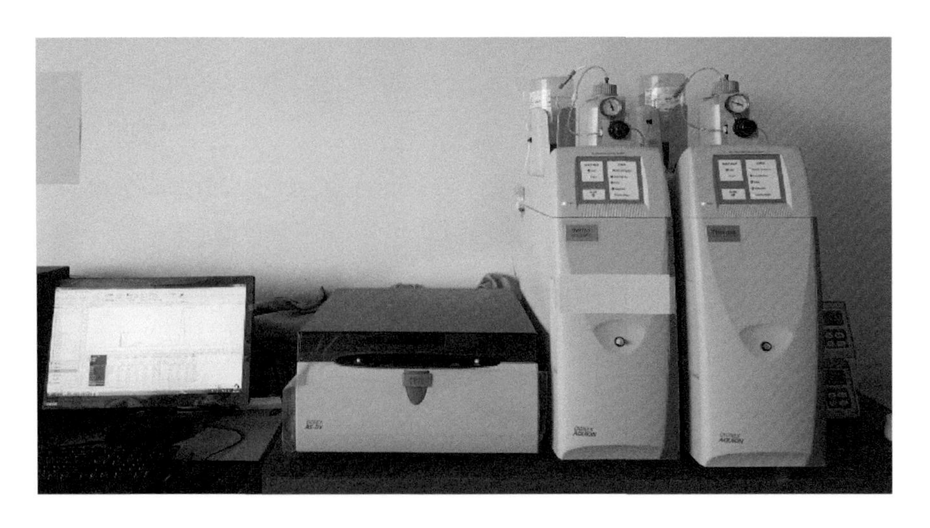

图 3.29　色谱仪及处理设备

记录参数：阴、阳离子浓度

色谱条件：

（1）阳离子：分离柱 Dionex IonPac™ CS12A（4x250mm）；保护柱 Dionex IonPac™CG12A（4x50mm）；AS-DV 进样系统；抑制器类型 Dionex CERS 500 4mm；电导检测器；EGC 淋洗液发生器；淋洗液 20mmol/L 的甲基磺酸 MSA，流速 1ml/min 等度洗脱；抑制器电流为 59mA；定量环 25μl；柱温 30℃。

（2）阴离子：分离柱 Dionex IonPac™ AS11-HC（4x250mm）；保护柱 Dionex IonPac™AG11-HC（4x50mm）；AS-DV 进样系统；抑制器类型 Dionex AERS 500 4mm；电导检测器；淋洗液 30mmol/L 的氢氧化钾 KOH，流速 1ml/min 等度洗脱；抑制器电流为 75mA；定量环 25μl；柱温 30℃。

测量步骤：

（1）样品在室温下融化，使用干净的聚乙烯针管吸取雪水样品经0.22μm滤头过滤至进样管，以去除不溶性颗粒物及杂质。分别配制6个不同浓度梯度的阴阳离子标准溶液，连同处理好的雪水样品暂存在4℃的冷柜中，等待上机检测。

（2）打开系统电源，通过系统软件连接到仪器并预热仪器。

（3）加注洗脱液，设置洗脱液液位。设置系统操作条件，包括确认将泵设为正常流速，设置并打开抑制器电流，设置电导池温度和柱温。

（4）打开监测基线，检测背景电导率，点击自动归零按钮补偿背景并将读数设为0，确认基线电导率处于预期读数并且是稳定的。

（5）建立适用于分析雪样中阴阳离子的仪器方法，创建进样序列。关闭监测基线，开始进行测样。

（6）处理样品。选择标准溶液的校正类型，添加浓度级别。确定峰识别和峰面积测定的处理方法，运行组分向导，输入被测离子名称和步骤（1）中配置的标准液浓度。拟合标准溶液校正曲线，根据标准曲线定量雪样中离子含量（图3.29）。

注意事项：

（1）样品前处理过程中尽量避免人为因素的输入，确保实验环境干净。

（2）测样之前检查洗脱液液位，不足时及时加入洗脱液至储罐中。

（3）抑制电流要与流动相浓度匹配。

## 3.3.3 pH 及电导率的测量

积雪 pH 和电导率通过室内分析带回来的雪样获取，利用不同的仪器对同一雪样进行测量。

使用设备：FIVE EASY PLUS™型便携式 pH 计；Seven2Go™型便携式电导率仪（图 3.30）

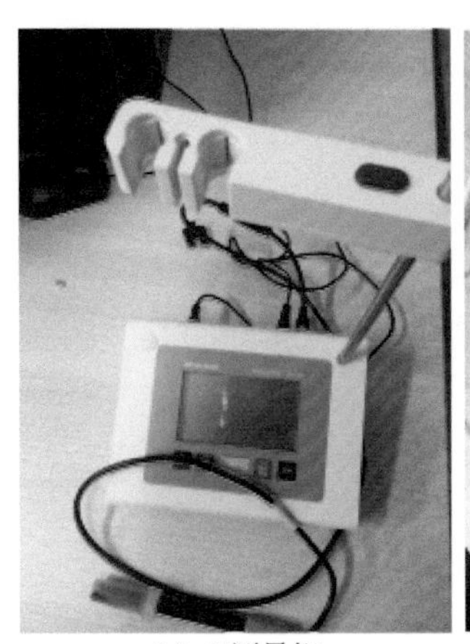
(a) pH测量仪

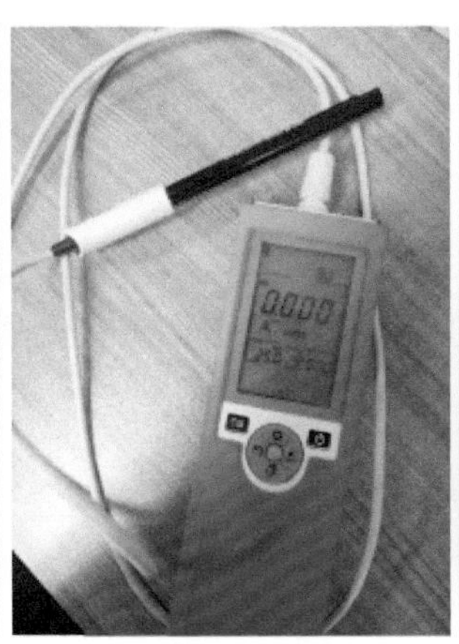
(b) 电导率测量仪

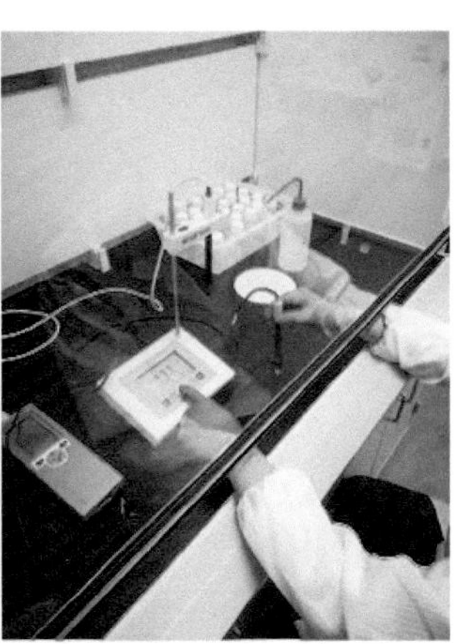
(c) pH和电导率测量场景

图 3.30 pH 和电导率测量仪器及步骤

记录参数：pH、电导率

测量步骤：

（1）测量前，分别利用 pH 为 4.00、6.86、9.18 的标准缓冲溶液来校准 pH 计；用 1413μs/cm 的标准缓冲液校准电导率仪。

（2）取部分样品放进 10ml 小烧杯，将探头放入烧杯中读数。测量 pH 时，短按 pH 计“读数”键，观察 pH 计显示器的数字稳定不变且同时发出一下“滴”声时测量结束，屏幕上显示的读数即为该样品的 pH。

测量电导率时，短按绿色按钮，观察电导率仪屏幕上数字不再闪烁时测量结束，屏幕上显示的读数即为该样品的电导率（图 3.30）。

（3）测量完一个样品后，用装有超纯水的洗瓶清洗 pH 计和电导率的探头，并用滤纸吸干探头上的水。

注意事项：

（1）测试完一个样品后用超纯水淋洗探头，避免交叉污染。

（2）保持 pH 计的电计球泡（探头）湿润，测量后应浸泡在 3mol/L 氯化钾溶液中，以降低电机的不对称点位。

# 第4章 积雪综合观测场

常规气象站获取积雪参数有限，以雪深和雪压为主，但许多分布式积雪表面能量平衡模型还需要雪层温度剖面、积雪晶体粒径、表面辐射、密度等常规气象站无法获取的积雪参数，因此，建立全面观测积雪参数的积雪综合观测场对于模型发展是必要的。

## 4.1 积雪综合观测场要素和设备

积雪综合观测场是多组先进测量仪器的集成，可采集完整全面的积雪遥感验证数据，服务于积雪遥感、积雪水文以及积雪物理过程研究。系统主要观测两个方面：积雪自身物理属性、积雪物质能量交换过程。通过数据采集与分析系统，可将各部分观测整合在一起，实现各项观测量的自动传输与集成。

积雪自身的物理属性包括积雪层理、雪水当量、分层厚度、晶体粒径、积雪密度、晶体颗粒形态、积雪含水量、积雪温度、积雪硬度、积雪剪切度、介电常数以及积雪中阴阳离子、黑碳含量等。积雪物质能量交换过程的参数包括：反照率、风吹雪、降雪量、潜热和感热通量等。

积雪综合观测场以自动观测仪器为主，人工观测为辅。通常能开展自动观测的参数有：积雪深度、雪水当量、分层积雪密度、积雪含水量、介电常数、积雪温度、降雪量、反照率、潜热感和热通量、风吹雪。需要人工观测的参数包括：积雪层理、晶体粒径、晶体颗粒形态。此外，积雪中的杂质、阴阳离子、黑碳含量等需要人工采样带回实验室分析。

人工观测参数的观测步骤、使用仪器以及注意事项在第 3 章中已详细介绍。常见的积雪自动观测仪器见表 4. 1。

**表 4. 1　常见的用于积雪参数自动观测的仪器**

| 自动观测仪器 | 观测参数 |
|---|---|
| 雪枕 | 雪水当量 |
| SR50 超声波 | 积雪深度 |
| SPA 积雪属性观测设备 | 积雪垂直廓线的积雪深度、积雪密度、积雪含水量、介电常数 |
| GMON 伽马射线 | 雪水当量 |
| 温度传感器（campbell90） | 积雪分层温度 |
| 红外温度计 | 积雪表面温度 |
| 防风雨雪量计 | 降雪量 |
| 四分量辐射表 | 上行辐射、下行辐射、反照率 |
| 小型气象站 | 风温压湿 |
| 涡动仪 | 感热和潜热通量 |
| FlowCapt 风吹雪粒子测量仪 | 风吹雪粒子的通量及摩擦风速 |

## 4. 2　积雪综合观测场典型案例

中国科学院黑河遥感试验研究站在祁连山冰沟流域大冬树垭口建立了一个积雪综合观测场。该站自动观测仪器布设如图 4. 1 所示，仪器名称、观测参数以及观测频率见表 4. 2。该系统可以实现数据的自动传输。

图 4.1　祁连山冰沟流域大冬树垭口站综合积雪观测场仪器布设

**表 4.2　祁连山冰沟流域大冬树垭口积雪综合观测场测量内容及方法**

| 观测参数 | 观测方法 | 观测频率 |
| --- | --- | --- |
| 积雪深度 | SR50A 超声波 | 30min/次 |
| 降雪 | 称重式雨量计 | 30min/次 |
| 雪水当量 | Gamma 射线法（GMON） | 30min/次 |
| 反照率 | 四分量辐射表 | 30min/次 |
| 表层温度 | 红外温度计 | 30min/次 |
| 积雪密度 | SPA | 30min/次 |
| 吹雪通量 | FlowCapt | 10min/次 |
| 风速、风向、大气压、空气温度、相对湿度 | 气象站 | 30min/次 |
| 雪层温度（分层） | 介电常数测量法 | 30min/次 |
| 雪土界面温度 | 介电常数测量法 | 30min/次 |
| 积雪形态 | 形状卡片 | 逐日（人工） |
| 积雪硬度 | 硬度计 | 逐日（人工） |
| 积雪晶体粒径（分层） | 手持拍照显微镜、IceCube | 逐日（人工） |
| 黑碳含量 | 采集雪样室内分析 | 逐周（人工） |
| 阴阳离子 | 采集雪样室内分析 | 逐周（人工） |
| pH | 采集雪样室内分析 | 逐周（人工） |

积雪自身物理属性观测仪器包括：SPA 积雪属性观测设备、GMON 伽马射线雪水当量。测量方法为：使用 GMON 观测设备进行 100m$^2$ 区域内雪水当量连续观测，采用 SPA 积雪观测探头获取区域内积雪含水量及密度的分层连续数据。在 SPA 探头布设处布设超声雪深探测仪。

积雪物质能量交换过程的观测仪器包括：防风雨雪量计、涡动仪与四分量辐射表、FlowCapt 风吹雪粒子测量仪。防风雨雪量计可准确测量不同气象条件下的降雪量。涡动观测主要针对雪面以上能量交换过程中的潜热、感热，并由此获取质量交换过程中雪面升华/凝结量。同时采用四分量辐射表测量上行和下行长、短波辐射，辐射测量可获取积雪反照率数据，为积雪遥感参数的地面验证提供支持。FlowCapt 风吹雪粒子测量仪用来测量风吹雪粒子的通量及摩擦风速。

另外配有积雪剖面的人工观测，观测频率为每天一次，剖面参数包括：积雪层理、积雪密度、积雪粒径。数据获取通过数采仪每个月采集一次，并做相应的仪器维护工作。

# 第5章　积雪样方和测线观测规范

本章阐述用于积雪遥感产品验证的样方及积雪测线的设计方案和观测内容。

## 5.1　样方观测意义

地面观测数据通常被当作真值用于遥感反演算法的发展、遥感产品的验证以及陆面模型的发展和验证。对于大尺度的被动微波雪深产品以及积雪分布异质性较强地区的积雪产品验证，固定点的积雪观测缺乏足够的代表性。通常采用样方和积雪测线（snow course）的方式观测雪深和雪水当量来表示一定范围内的积雪深度和雪水当量真值。样方观测考虑积雪分布的异质性，在像元尺度上开展积雪特性的密集观测。不同的像元尺度样方设计方案不同，在方案可行性的基础上，尽可能密集地采集积雪参数，可以更准确地获得像元真实情况。此外，在一些复杂下垫面条件下，样方设计应考虑地形或下垫面类型，尽可能抓住一个像元内不同地形或下垫面下积雪的分布差异，为遥感产品反演及尺度转换提供可靠的数据参考，也为模型的参数化方案提供基础 。

通常意义上的积雪测线是以某点为中心，向4个方向延伸形成十字叉，开展积雪深度和雪水当量的观测。一般长度为1~2km。积雪测线也可沿着某一方向开展雪深和雪水当量观测，观测距离 1～2km。目的是为了分析不同下垫面条件下、不同坡度和坡向条件下、不同高程下积雪如何分布。因此，需要有针对性地设计积雪测线的路线。

## 5.2 积雪样方设计方案

样方观测的主要目的是验证积雪遥感产品，因此样方大小应根据遥感数据像元大小而定。目前，积雪遥感产品主要有 4 种：500m×500m 分辨率的积雪面积和积雪面积比例产品（根据 MODIS 反演）；5km×5km 积雪面积产品（根据 AVHRR 反演）；25km×25km 积雪深度和雪水当量产品（根据被动微波遥感反演）；1km×1km 积雪反照率产品（根据 AVHRR、MODIS 反演）。本规范主要针对 500m×500m 积雪面积产品、1km×1km 积雪反照率产品以及 25km×25km 积雪深度产品进行样方设计。

### 5.2.1 500m×500m 积雪面积产品验证样方

一般针对 500m×500m 积雪面积产品的验证有三种方法：①更高分辨率的卫星积雪面积产品；②高分辨率的无人机积雪面积观测；③地面人工观测。本规范中把第二种和第三种方法都归类于地面调查。无人机观测可以均匀并且全面地获取像元内的积雪信息，能更加准确地描述像元内积雪面积的分布。地面人工观测是点上观测，存在点到面的上推过程，理论上采样越密集越能准确描述像元内分布，因此工作量巨大。无人机观测只能获取积雪面积信息，而人工地面观测可以获取积雪的其他特性信息。因此，人工观测样方不但可以用于积雪面积产品的验证，也可以用于其他积雪特性产品的验证（如雪粒径、雪深、雪水当量等）。下面分别对这两种方法进行描述。但不管是人工调查还是无人机调查，第一步是确定样方位置。两种方法的样方位置确定方法相同。

**1. 样方大小和位置的选择**

虽然根据传感器的过境参数可以计算出遥感像元确切的位置，但传感器扫描过程也是对一定面积范围的积分来取得一个像元值。其信号不能说完全来自于确定的像元位置，相邻像元势必对其有一定的影响。因此，在进行样方选择时，应考虑地表的一致性和范围大小。原则上样方位置的选择应根据实际需求和预定工作量进行统筹安排。对于验证某一条件下的积雪参数精度，样方观测应该选择地表类型单一且平坦的区域，避免周围地表类型和地形的复杂性对信号造成影响。考虑到扫描的偏差，样方所在地 2×2 的像元（图 5.1）地表类型单一且平坦，即以待验证像元为核心分别向周围延伸半个像元的距离。对于复杂下垫面或山区的积雪面积验证，样方位置一般根据任务的需求事先确定。则在遥感获取的确切像元内进行观测。

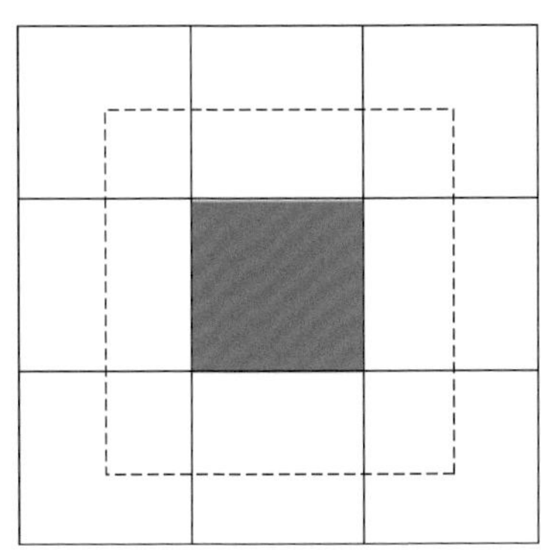

图 5.1　观测范围设置

蓝色方形为待验证像元，观测范围：虚线框范围

**2. 地面人工调查的样方设计和观测步骤**

观测内容：积雪深度、雪水当量、下垫面类型、经度、纬度、高程、

时间

使用设备：雪秤、直尺、GPS、罗盘

观测方案：

首先确定好样方角点的位置，根据样方的位置确定4个主要方向，并将其以100m为间隔分成10×10个栅格，每个100m×100m的栅格内选择5个测量点，主要测量雪深，同时测量一组雪压。点与点之间的距离可以设为5m、10m、15m、20m或25m。为了保证四个主要方向上都有点分布，每个栅格内的第一个点随机选择，然后利用罗盘在四个方向中随机选择一个方向，按一定的间距观测2~3个点的雪深，然后沿与该方向垂直的方向观测余下的点（图5.2）。复杂地形条件下，样方大小可以确

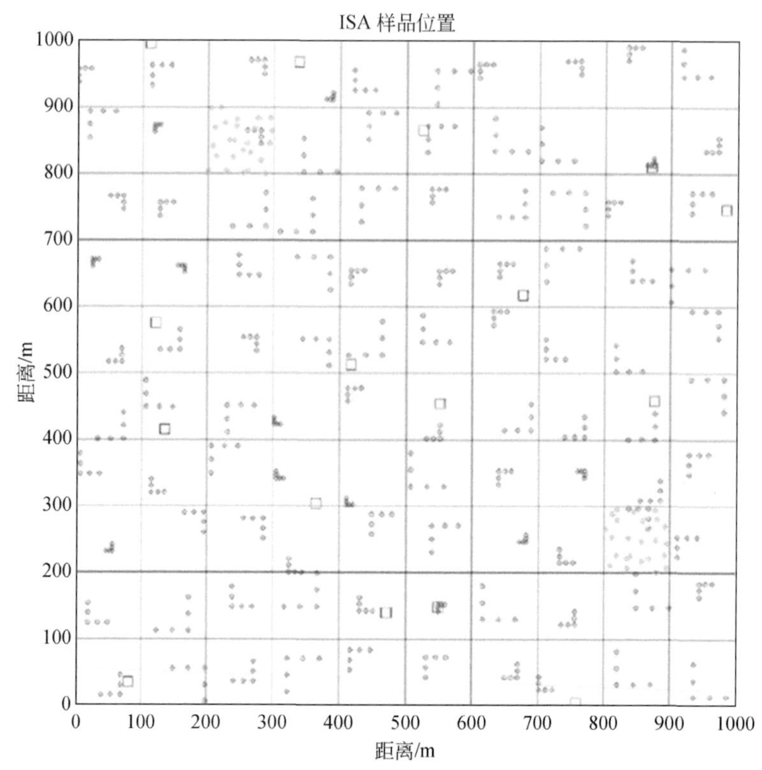


图5.2　1km样方内雪深观测位置（菱形）以及积雪剖面观测位置（方形）分布（Kelly，2009）

定在 500m×500m 的待测像元内，其观测方式和单一地表相同。

**3. 无人机样方调查**

观测内容：积雪面积（照片）、经度、纬度

使用设备：无人机、数码相机、GPS

设计步骤：

（1）确定好待测像元的位置。

（2）设计无人机观测路线。无人机观测不受地理条件的影响，则可以进行完全均匀观测。根据无人机的飞行高度（$H$）确定视场角范围，根据视场角范围（$\theta$）和飞行的速度（$v$），则可设定拍照的间隔时间时间 $t=2H\text{tg}\theta/v$（图 5.3），照片的拍摄范围为：$2H\text{tg}\theta$。假设无人机飞行高度为 60m，视场角一般为 10°，飞行速度为 5m/s，则间隔时间为：4.2s，每一张照片覆盖范围为：42m×42m。

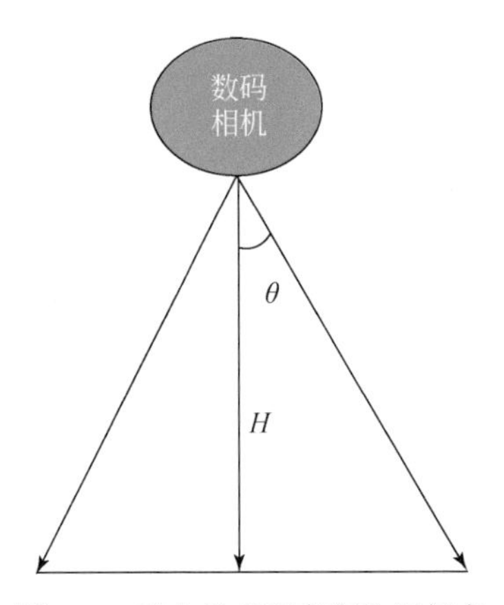


图 5.3　无人机观测高度和视场角

由于无人机电池续航时间有限，在设计路线的时候要考虑电池更换的时间，保证电池更换时，无人机能安全返回操作人员手中。假设电池续航时间为 20min，飞行速度为 5m/s，则一个 1km 的样方观测一个来回大约需要 7min（400s）[2000m/（5m/s）]。因此三个来回就需要更换一次电池。操作人员在无人机返航时需提前到达预定地点。

（3）根据以上参数和计算公式最后确定飞行路线为图 5.4，将飞行路线输入操控电脑开始飞行观测。

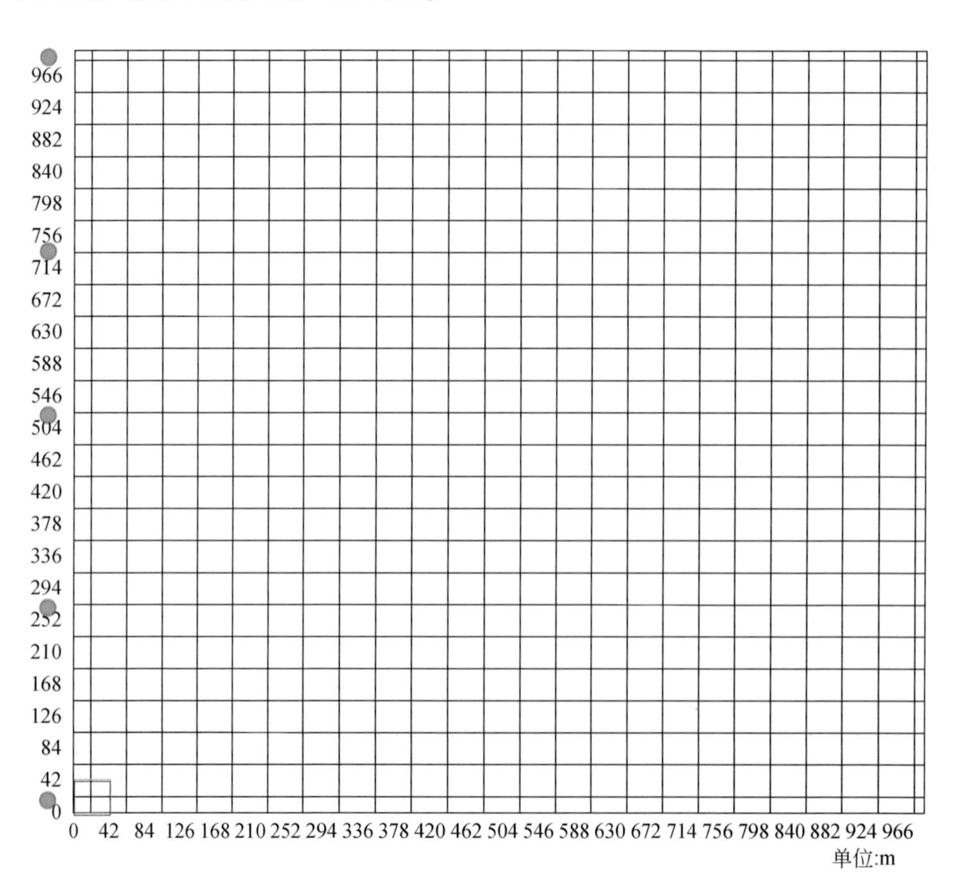


图 5.4　1km 样方观测

无人机每次起飞点为蓝色圆圈所在地，每三个来回换一次电池，开始下一个架次飞行。飞行架次取决于飞行高度，当飞行高度为 60m 时，1km 里的样方共有 5 个架次。水平黑线为飞行路线。每张照片的大小如红色方形所示

（4）根据照片的记录时间和GPS的记录时间将照片中心点位置与GPS观测的经纬度坐标联系起来，形成整个像元的高分辨率积雪面积图，计算像元内的积雪面积比例。

注意事项：

（1）一定要在电池消耗完之前返回，避免无人机因为电力不足而坠落。

（2）查看飞行范围内的障碍物，飞行高度一定要高于障碍物。

### 5.2.2 1km×1km积雪反照率产品验证样方

观测内容：样方内多个观测点的积雪反照率以及样方内异质地表的组成比例

使用设备：四分量辐射表、便携式反照率观测装置、无人机

样方观测时间：当地时间9：00～16：00

观测方案：

**1）样方位置的确定**

对于MODIS影像，1km空间分辨率数据图层的1个像元对应500m空间分辨率数据图层的4个像元，因此设计1km与500m嵌套地样方观测方案。根据长时间序列积雪范围产品结合Google Earth确定观测样方的像元位置，尽量选择草地、耕地、戈壁等均质下垫面的积雪，避开城镇、居民地、森林等粗糙下垫面以及山地等复杂地形条件的积雪。图5.5（a）、（b）分别表示投影前后的样方形状，投影等因素导致正方形像元对应的地面范围呈现平行四边形。将一个1km样方进行四等分，如图5.5中虚线所示，1km样方嵌套4个500m样方。

可将样方及观测点位置生成kml格式文件导入移动设备，以便野外

在移动设备上定位样方以及观测点的具体位置。

**2）样方内的布点方式**

（1）纯雪像元。

由于选择的积雪全覆盖地表具有良好的均质性，所以在每个500m×500m样方的中心设立一个观测点，将其测量值作为该500m×500m样方地反照率。图5.5（c）中数字表示观测点的位置。对于一个1km×1km样方内的4个500m×500m样方，可以用4台仪器同时进行观测，取均值作为1km×1km样方的反照率测量值。

（2）混合像元。

当地表没有全部被积雪覆盖，或存在其他地物时，积雪和其他地物均需要架设反照率仪器进行观测。因辐射表的架设高度为1.5m，测量上行辐射的传感器的视场角为150°，故观测的地面范围为10m。因此，当某种地物覆盖范围的直径小于10m时，不选择在其范围内观测。观测点根据样方内的不同地物分布灵活布置。基本原则是确保样方内的每一种符合观测条件的地物均被观测。图5.5（d）展示了样方内存在两种地物（如积雪和植被）时的观测点布置，灰色部分代表植被覆盖，则在观测该500m样方时，需要分别在积雪和植被覆盖的地表布置观测点，同步进行观测。

为了获取混合像元样方中各种地物的面积比例，需要利用无人机拍摄正射影像。在一定的离地高度上，遥控无人机按飞行路线完成影像的拍摄，后期进行拼接、校正和正射处理。具体要求请参考无人机航摄的规范。

采用面积加权法计算混合像元样方的反照率，即根据每一种地物面积占样方面积的比例对反照率观测值进行加权平均，该方法可在一定程度上减小尺度上推的误差。

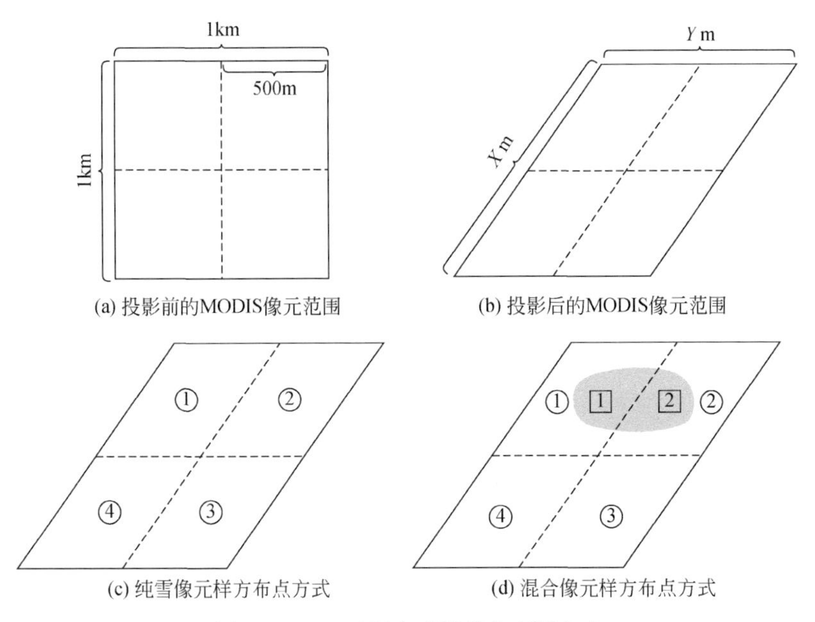


图 5.5 1km 反照率观测样方观测方案

### 5.2.3 25km×25km 积雪深度产品验证样方

25km×25km 积雪深度产品验证因其像元面积较大一直是一个难题。很多雪深遥感反演方法的验证都采用站点来验证。但站点的代表性有限，与面上往往存在较大的差距，因此，25km×25km 的样方观测对雪深产品的验证是必不可少的。本节将对 25km×25km 的样方设计进行详细说明。

样方的选择原则与积雪面积产品验证样方的选择相同，都是在 2 个像元内的均一、平坦地表。由于样方较大，超出了无人机通常工作的范围，因此一般采用地面人工调查。原则上，均匀采样最能代表一个像元的真实值。

观测内容：雪深、雪水当量、经度、纬度、高程、时间

使用设备：雪秤、GPS

观测步骤：

25km 样方观测（均匀采样）：

（1）根据上述原则确定样方4个角点的范围。以5km为间隔分成5×5个栅格，每个栅格中测量5～10个雪深，并记录其位置信息。在这25个栅格中，随机选择5个栅格进行加密观测。将5km×5km的栅格分成5×5个1km×1km的小栅格。每个小栅格测量2～5个雪深和雪水当量，如图5.6所示。

（2）由于样方范围较大（25km×25km），需要多组人员参与观测。每人负责一个栅格，按照一定的方向观测5个雪深，然后沿着该方向的垂直方向观测5个雪深。

（3）加密观测网格的观测方式和大网格类似。将每个加密观测网格分成1km×1km的小网格，每个小网格内沿着垂直的两个方向观测2～5个雪深，并观测一个雪水当量［图5.6（b）］。

本方案属于理想的样方观测，由于样方范围大，工作量太大，在雪地里行走不方便，尤其是在雪深较深的情况下，实际操作过程中很难严格按照要求执行。因此，观测者可以进行适当简化，但应尽量保证每个网格上都有观测。

从观测量来看，25km均匀采样的方案不适合在复杂地形条件的山区或是森林地区开展，一般都选择在草原或裸地进行。

山区雪深和雪水当量的验证是最具挑战的问题。由于复杂的地形条件，积雪重新分配，具有较强的异质性，并且遥感扫描获取的一个像元大小是垂直方向上的面积，因此在山区，由于地形起伏，实际面积大于理论上一个像元的面积。在这种情况下均匀采样不现实。此外，即使合理地布局采样点，如何将这些采样点综合成一个像元的值也是一个有待攻克的难题。因此，一般不选择复杂地形条件进行人工雪深样方调查。

在平坦的混合下垫面情况下，均匀地表的地面人工观测可用于裸地、草地混合地表。森林、灌丛等地难以穿越，不适合人工样方设计。因此，混合下垫面也不适合雪深的样方观测。

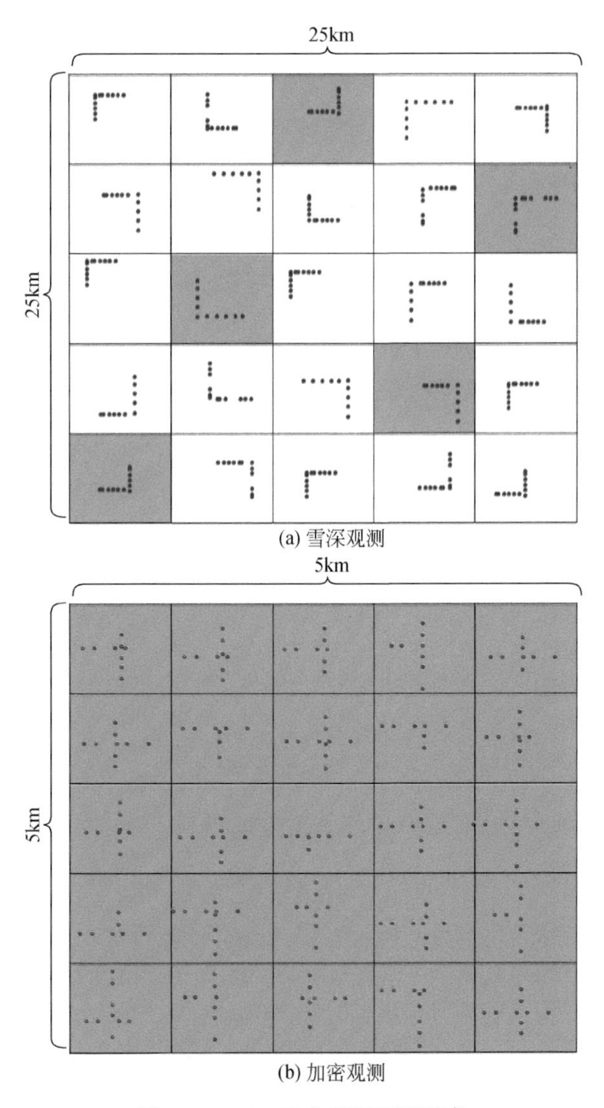


图 5.6　25km 样方雪深观测示意

# 5.3 积雪测线设计方案

积雪测线是沿着两条交叉线进行积雪特性观测，观测的参数为雪深和雪水当量。积雪测线的设计和位置选择根据特定目的进行。通常情况是调查一定范围内雪深的分布异质性情况。由于固定观测点有限，而雪深空间分布异质性强，需要利用积雪测线对观测数据进行校正。通常以待验证的点为中心，向四个方向开展观测。观测间隔为100m，记录雪深、雪水当量和经纬度。

引起积雪异质性分布的原因很多，可能是不同的下垫面引起、可能是不同的坡度坡向引起，也可能是不同的海拔高度带引起。积雪测线的观测也可以用于研究不同地表特征下积雪的差异，针对不同原因积雪测线的设计不同。

为分析不同下垫面条件的雪深和雪水当量的变化，根据高分辨率土地覆盖图选择具有两种或两种以上的下垫面的区域，例如，裸地和森林、森林和草地、裸地和草地、裸地和灌丛。但是，观测时下垫面类型不宜太多，如果太多说明这个类型并不典型。一般两种比较适宜，以两种下垫面交界处为中心点，进行交叉观测。观测距离为2km，每一种下垫面大约观测1km（图5.7）。每100m观测一组雪深和雪压，并记录覆盖类型。

如果是不同坡向，则选择一个山谷，在不同的坡向上从山谷往上观测，每个坡向上观测500m。每100m观测一组数据，记录雪深、雪压、坡向、经度、纬度、高程。

如果是不同高程，则沿着某一坡面往上观测2km（图5.8）。每100m观测一组数据：雪深、雪压、高程、经度、纬度。

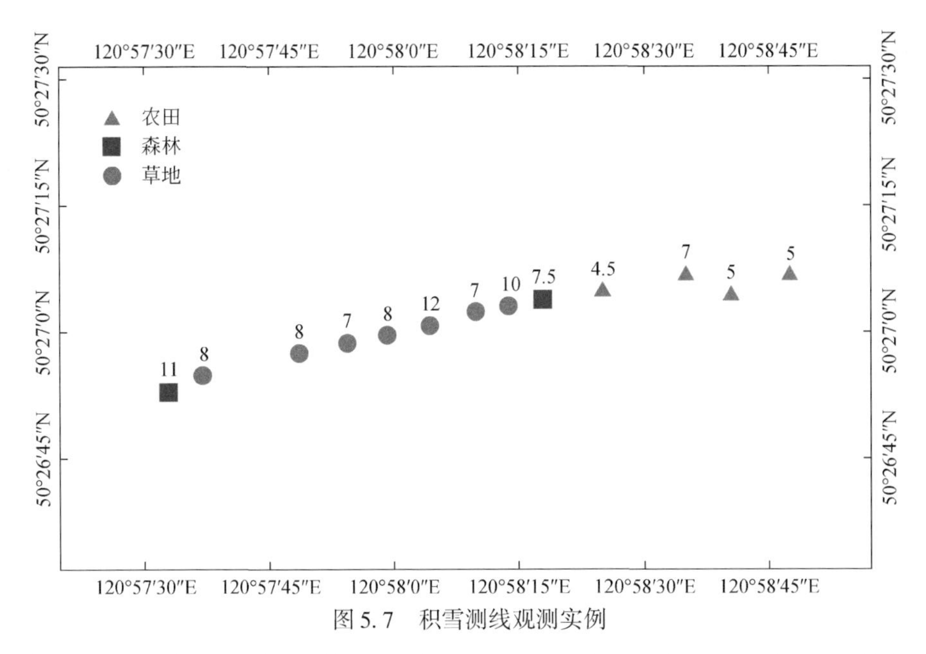


图 5.7　积雪测线观测实例

森林、草地积雪测线观测路线示意图，此图为 2018 年 12 月在海拉尔草原观测的农田草地积雪测线

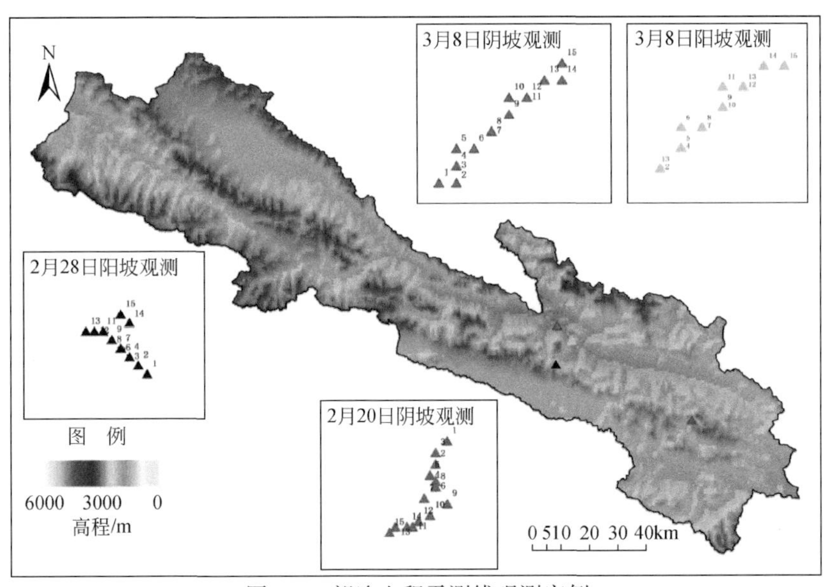


图 5.8　祁连山积雪测线观测实例

2019 年 2 月 20 日、28 日和 3 月 8 日在祁连山开展积雪测线观测，其中每次测线长度为 1.5km，坡面平均坡度 25°，以 100m 为间隔由低处向高依次观测，累计共获取 60 个点的雪深、雪压和雪密度数据

# 第6章 积雪剖面观测记录和报告

前面章节主要介绍了每个参数的详细测量规范，规范的观测记录也是数据使用和共享的关键环节。本章将对积雪剖面观测的过程、记录的要素以及形式做详细说明。

## 6.1 积雪剖面记录的原则

由于每次野外观测目的不同，选择剖面观测的内容也不尽相同，因此在观测开始之前首先要明确观测的要素、所需要的仪器，并且根据目的确定是按等间隔还是按自然分层观测积雪属性。如果是按等间隔观测，每一层的厚度相同，即按等间隔对积雪进行分层，每一层的积雪属性不一定相同，相邻层的积雪属性也可能相同。如果是自然分层，则按照3.1.4节中积雪的层理对积雪进行分层。每一层的积雪属性相同，相邻层的积雪属性不相同。根据这些信息制定表格。表格制定要注意以下几点。

(1) 积雪野外观测环境恶劣，观测人员身穿防寒装备，记录不是很方便，因此，制定的表格应尽量方便、容易填写观测记录。表格设计的内容完整。记录时应保持相同的记录风格和完整的表格形式。

(2) 尽量避免采用文字描述信息，需要用文字描述的，一般采用符号的形式，并在表格中说明符号含义。例如，对积雪粒径的描述，通常用 RG 表示圆形颗粒，DH 表示深霜颗粒等。国际上一些积雪剖面观测记录也采用图形的形式表示（见 6.4 节）。

（3）有些参数在野外观测或取样，参数值需要回到实验室才能获取，这种情况应在表格中注明相应的编号，以便返回实验室查看。

（4）每日野外观测完成后，需将纸质版记录誊写到电子表格中。采用仪器观测的数据如果当天能导出，则导出誊写入电子表格。

（5）纸质表格拍照和电子表格一起存档，当以后发现电子表格誊写错误时可以参照原始记录进行纠正。

## 6.2 积雪剖面记录表的信息

剖面记录表格中除了需要观测的积雪特性信息外，还包括其他的环境辅助参数、参与观测的人员、日期以及记录表格填写的规范和各项参数使用的仪器等。辅助参数和信息包括：

（1）时间参数：日期、小时、分钟。

（2）位置参数：经度、纬度、高程、坡度、坡向、地名、邻近气象站。

（3）大气参数：天气情况、云量、空气温度。

（4）下垫面参数：土地覆盖类型、植被高度、积雪覆盖比例（估计）。

（5）周围环境信息：利用照片记录剖面周围环境信息和积雪剖面状态，给数据使用者提供参考。

（6）符号注释：对采用符号形式记录的信息进行文字描述。

（7）备注中说明使用的仪器、记录的精度、表格填写说明等。

## 6.3 积雪剖面记录实例

以2017~2019年“中国积雪特性及分布调查”中的积雪剖面观测为例分别介绍等间隔（固定）分层和自然分层的雪坑剖面记录详情。

**实例一**

图6.1为2019年1月16日在新疆呼图壁观测的一个积雪剖面原始纸质版记录表格，图6.2为试验当天回到室内誊写的电子表格。

该剖面记录表格显示观测的辅助和环境参数包括：日期和时间、记录及观测人、天气、云量、空气温度、雪覆盖度、经纬度、海拔、下垫面类型、积雪观测代表性、地名、相邻气象站、环境照片以及雪坑编号等。此外还记录了是否有光谱仪和反照率的观测。

积雪属性观测的参数包括：雪深、雪密度、雪粒径照片（编号）（用雪粒径测量）、粒径形态、介电常数、积雪含水量、积雪硬度以及雪样采集（雪样编号）（用于分析阴阳离子和黑碳含量）。分层方式为固定分层。

雪密度观测采用雪铲、Snow Fork和雪筒三种仪器观测。雪铲和Snow Fork按照固定分层观测，雪铲观测在野外试验中只记录雪铲和雪铲+积雪的重量，电子表格录入时计算积雪密度，Snow Fork观测则直接记录密度和液态含水量读数，雪筒测量整个积雪层的密度，观测时记录雪深和雪压，电子表格录入时计算出积雪密度。每层密度以及整层密度进行三次观测。

雪粒径通过带有相机的显微镜观测，野外试验中只记录照片编号。回到室内将照片导出按积雪分层存放（图6.3）。每一层的粒径照片单独放一个文件夹，每个文件夹的名称为该层的雪深范围。例如，图6.3中粒径照

雪坑参数记录表（电子录入版）

| 日期 | 2019 | 1 | 16 | 时间 | 14 | 0 | 记录及观测人 | [illegible] | 注：经纬度用°，如50.09412°；海拔精确到米，雪深精确到厘米，空气温度和雪压精确到小数点后一位，密度精确到小数点后两位；天气：晴天，阴天，多云，少云，下雪，下雨，未记录；雪覆盖度和云量：0-10；0表示无雪或无云，10表示全是积雪或全云，缺测值为-99；积雪观测代表性：优，良，中，差，未记录；下垫面类型：裸地、耕地、草地、林地、灌木、冰面、其他；分层选择固定或者自然分层；积雪硬度、积雪湿度、国际雪分类参考积雪晶体卡片；雪铲体积100cm³。 |
|---|---|---|---|---|---|---|---|---|---|
| 天气 | 阴 | 云量 | 10 | 雪覆盖度 | 10 | 经度° | 86.5185 | 纬度° 44.1852 | 海拔m 464 |
| 积雪湿度 | 潮湿 | 积雪硬度 | 较硬 | 硬度计 | 0 | 下垫面类型 | 耕地 | 积雪观测代表性 | 优 |
| 光谱仪测量 | 否 | 反照率 | 否 | SnowFork | 是 | 环境照片 432-435 | 雪剖面照片 436 | 地名 | 呼图壁 |
| 相邻气象站 | 昌吉 | 雪坑编号 | 201901160102 | 雪铲编号 | | 雪铲重量g 231 | 空气温度℃ | -11 | 坡度 0 |
| 雪深（cm） | 15 | 14 | 15.2 | 雪压（g/cm2） | 2.0 | 2 | 2.2 | 雪密度（g/cm3） | 坡向 东南 |

| 分层 固定 | 雪层温度（℃） | SNOWFORK密度 g/cm3 | SNOWFORK液态水含量vol% | 介电常数实部 | 介电常数虚部 | 雪+雪铲总重量g | 雪铲密度g/cm3 | 长轴粒径（1mm参考） | 国际雪分类 | 雪粒径照片（编号） | 雪样编号 |
|---|---|---|---|---|---|---|---|---|---|---|---|
| 0-5 | -6.8 | 0.149 | 0.537 | | | 250 | | 5 | DH | 2062 | 020201 |
| | -6.5 | 0.0815 | 0.64 | | | 253 | | | | 2063 | |
| | -6.5 | 0.0785 | 0.637 | | | 234 | | | | 2064 | |
| 5-10 | -6.3 | 0.1361 | 0.222 | | | 249 | | 4 | DH | 2065 | 020202 |
| | -6.6 | 0.1281 | 0.22 | | | 251 | | | | 2066 | |
| | -6.3 | 0.1137 | 0.327 | | | 230 | | | | 2067 | |
| 10-15 | -6.2 | 0.0477 | 0.186 | | | 245 | | 2 | DH | 2068 | 020203 |
| | -6.7 | 0.0851 | 0.281 | | | 247 | | | | 2069 | |
| | -6.9 | 0.077 | 0.312 | | | 209 | | | | 2070 | |
| 15-17 | | | | | | | | 0.5 | RG | 2071 | 020202 9 |
| | | | | | | | | | | 2072 | |
| | | | | | | | | | | 2073 | |
| | | | | | | | | | | | |
| | | | | | | | | | | | |
| | | | | | | | | | | | |
| | | | | | | | | | | | |
| | | | | | | | | | | | |
| | | | | | | | | | | | |

图 6.1　2019年1月16日在新疆呼图壁观测的一个积雪剖面原始记录表图片

| 日期 | 2019 | 1 | 16 | 时间 | 14 | 0 | 记录及观测人 | 李震、张平、李治显、乔德京、高硕、刘畅 | | | | | 注：经纬度用°，如 50.09412°；海拔精确到米，雪深精确到厘米，空气温度和雪压精确到小数点后一位，密度精确到小数点后两位；天气：晴天，阴天，多云，少云，下雪，下雨，未记录；雪覆盖度和云量：0-10；0 表示无雪或无云，10 表示全是积雪或全云，缺测值为-99；积雪观测代表性：优，良，中，差，未记录；下垫面类型：裸地、耕地、草地、林地、灌木、冰面、其他；分层选择固定或者自然分层；积雪硬度、积雪湿度、国际雪分类参考积雪晶体卡片；雪铲体积 100cm³。 |
|---|---|---|---|---|---|---|---|---|---|---|---|---|---|
| 天气 | 2-阴天 | 云量 | 10 | 雪覆盖度 | 10 | 经度° | 86.5185 | 纬度° | 44.1852 | 海拔 m | 464 | | |
| 积雪湿度 | M-潮湿 | 积雪硬度 | 4F-软 | 硬度计 | 0 | 下垫面类型 | 耕地 | 积雪观测代表性 | 1-优 | | | | |
| 光谱仪测量 | 否 | 反照率 | 否 | Snow Fork | 是 | 环境照片 | 201901160102东南西北垂直 | 雪剖面照片 | 201901160102剖面 | 地名 | 呼图壁 | | |
| 相邻气象站 | 昌吉 | 雪坑编号 | 201901160102 | 雪铲编号 | 1 | 雪铲重量(g) | 231 | 空气温度℃ | -11 | 坡度 | 0 | | |
| 雪深/cm | 15 | 14 | 15.2 | 雪压/(g/cm²) | 2.02 | 2 | 2.2 | 雪密度/(g/cm³) | 0.13 | 0.14 | 0.14 | 坡向 | 东南 |

| 分层<br>固定 | 雪层温度/℃ | SNOWFORK密度(g/cm³) | SNOWFORK液态水含量/vol% | 介电常数实部 | 介电常数虚部 | 雪+雪铲总重量/g | 雪铲密度/(g/cm³) | 长轴粒径(1mm参考) | 国际雪分类 | 雪粒径照片(编号) | 雪样编号 |
|---|---|---|---|---|---|---|---|---|---|---|---|
| 0-5 | −6.8 | 0.149 | 0.537 | 1.21 | 0.005 | 250 | 0.19 | 5 | DH-深霜 | 2062 | 020202 01 |
| | −6.5 | 0.0815 | 0.64 | 1.2 | 0.006 | 253 | 0.22 | | | 2063 | |
| | −6.5 | 0.0785 | 0.637 | 1.2 | 0.006 | 254 | 0.23 | | | 2064 | |
| 5-10 | −6.3 | 0.1361 | 0.222 | 1.27 | 0.002 | 249 | 0.18 | 4 | DH-深霜 | 2065 | 020202 02 |
| | −6.6 | 0.1281 | 0.22 | 1.25 | 0.002 | 251 | 0.2 | | | 2066 | |
| | −6.3 | 0.1137 | 0.327 | 1.24 | 0.003 | 250 | 0.19 | | | 2067 | |
| 10-15 | −6.2 | 0.0919 | 0.104 | 1.18 | 0.001 | 245 | 0.14 | 2 | DH-深霜 | 2068 | 020202 03 |
| | −6.7 | 0.0851 | 0.209 | 1.18 | 0.002 | 247 | 0.16 | | | 2069 | |
| | −6.9 | 0.077 | 0.312 | 1.17 | 0.003 | 249 | 0.18 | | | 2070 | |
| 15-17 | | | | | | | | 0.5 | RG-圆形颗粒 | 2071 | 020202 S |
| | | | | | | | | | | 2072 | |
| | | | | | | | | | | 2073 | |
| | | | | | | | | | | | |
| | | | | | | | | | | | |
| | | | | | | | | | | | |

图 6.2　2019年1月16日在新疆呼图壁观测的一个积雪剖面的电子录入档案

片文件夹里的“5～10”文件夹里存放的是5～10cm处的粒径照片。粒径照片带有1mm的网格，因此，从照片可以获得粒径的大小（图6.4）。每层粒径拍摄三张照片，记录三张照片编号。

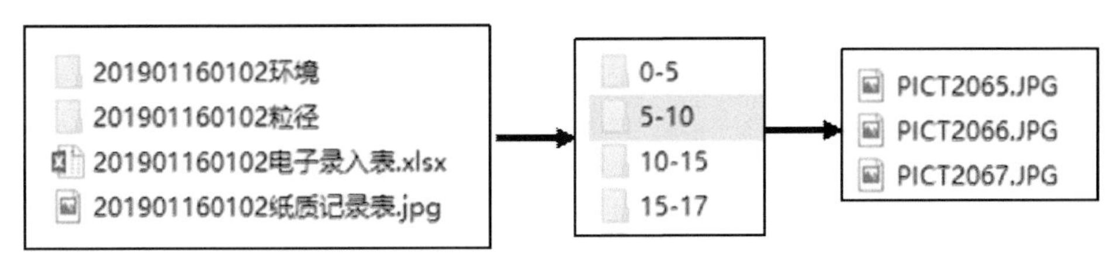


图6.3　积雪剖面数据存放格式示意

2019年1月16日在新疆呼图壁观测的积雪剖面数据存放格式图。其中粒径照片单独存放在一个文件夹，每一层的粒径照片单独放一个文件夹，每个文件夹的名称为该层的雪深范围，每层雪深范围拍摄三张粒径照片

图6.4　积雪粒径照片

2019年1月16日在新疆呼图壁观测的积雪剖面5～10cm层的三张粒径照片

粒径形态根据附录1形态卡片当场判断，并记录相应的符号。

阴阳离子和黑碳含量需要带回实验室利用专门的仪器分析，野外试验中只进行雪样采集，并对其进行编号（样例中的编号见雪样编号）。每一层采集三袋雪样，每袋雪样编号相同。从采集样品到分析出结果需要一个较长的过程，因此，这一部分数据统一另外存放。

介电常数利用Snow Fork观测，每一层观测三次。但在野外观测时，介电常数并不在电子显示屏上显示，所以无法记录（原始记录表图 6.1 中介电常数实部和介电常数虚部两栏空缺）。只有回到室内从 Snow Fork 中导出，誊写入电子表格（图 6.2 中介电常数实部和介电常数虚部两栏填入了数值）。

积雪硬度利用硬度计观测，硬度计获取的数值单位是牛（N）。所以，使用数据时需要对其进行转换运算换成压强（Pa）。转换公式参考 3.1.8 节。积雪硬度还有一个定性的判断，根据符号注释填写（表 6.1）。

**表 6.1 积雪硬度定性描述符号注释**

| 符号 | 4F | 1F | P | K | I | 0 |
|---|---|---|---|---|---|---|
| 注释 | 软 | 中等 | 硬 | 很硬 | 冰 | 未记录 |

积雪含水量除了有利用 Snow Fork 获取的定量的积雪含水量外，还有一个定性的湿度描述，该项也是根据符号注释填写（表 6.2）。

**表 6.2 积雪湿度定性描述符号解释**

| 符号 | M | W | V | S | 0 |
|---|---|---|---|---|---|
| 注释 | 潮湿 | 湿 | 很湿 | 湿透 | 未记录 |

**实例二**

图 6.5 是 2017 年 12 月 15 日在东北观测的一个积雪剖面记录，图 6.6 为其电子录入版。

该剖面观测内容和图 6.1、图 6.2 中的剖面一样，不同之处在于该观测为自然分层。因此，所有分层观测都是按照 0 ~ 14m，14 ~ 17m，17 ~ 28cm 来观测的。分层粒径图片的存放文件夹也按照自然分层厚度命名（图 6.7）。此外，从该剖面中也可以看到用来观测密度的雪铲和第一个剖面中用的雪铲不同。自然分层剖面中用到的雪密度测量雪铲高度为 10cm，因此 14 ~ 17cm 的密度无法获取。

雪坑参数记录表（电子录入版）

| 日期 | 2017 | 12 | 15 | 时间 | 13 | 10 | 记录及观测人 | | | | |
|---|---|---|---|---|---|---|---|---|---|---|---|
| 天气 | 多云 | 云量 | 9 | 雪覆盖度 | 10 | 经度° | 119.61272 | 纬度° | 47.94602 | 海拔m | 837 |
| 积雪湿度 | 干 | 积雪硬度 | [illegible] | 硬度计 | 0 | 下垫面类型 | | 草地 | 积雪观测代表性 | 优 | |
| 光谱仪测量 | × | 反照率 | √ | SnowFork | √ | 环境照片 | | 5366-5369, 5371 | 地名 | [illegible] | |
| 相邻气象站 | | 雪坑编号 | 20171215 0505 | 雪铲编号 | 11 | 雪铲重量g | 507.6 | 空气温度°C | -21 | | |
| 雪深（cm） | 25 | 29 | 27 | 雪压（g/cm2） | 5.4 | 4.4 | 5.1 | 雪密度（g/cm3） | | | |

注：经纬度用°，如50.09412°；海拔精确到米，雪深精确到厘米，空气温度和雪压精确到小数点后一位，密度精确到小数点后两位；天气：晴天，阴天，多云，少云，下雪，下雨，未记录；雪覆盖度和云量：0-10；0表示无雪或无云，10表示全是积雪或全云，缺测值为-99；积雪观测代表性：优，良，中，差，未记录；下垫面类型：裸地、耕地、草地、林地、灌木、冰面、其他；分层选择固定或者自然分层；积雪硬度、积雪湿度、雪颗粒形态、国际雪分类参考积雪晶体卡片；雪铲体积1500ml。

| 分层 可选 | 雪层温度（℃） | SNOWFORK密度g/cm3 | SNOWFORK液态水含量vol% | 介电常数实部 | 介电常数虚部 | 雪+雪铲总重量g | 雪铲密度g/cm3 | 长轴粒径（1mm参考） | 国际雪分类 | 雪粒径照片编号 | 雪样编号 |
|---|---|---|---|---|---|---|---|---|---|---|---|
| 0-14 | -9.6 | 0.0836 | 1.33 | | | 840.5 | | | DH | 34 | 050501 |
| | -9.4 | 0.1241 | 0.904 | | | 837.6 | | | | 35 | |
| | -8.9 | 0.0769 | 1.44 | | | 815.7 | | | | 36 | |
| 14-17 | -12.8 | 0.1322 | 0.912 | | | | | | DH | 37 | 050502 |
| | -12.8 | 0.1396 | 0.918 | | | | | | | 38 | |
| | -12.3 | 0.1355 | 0.678 | | | | | | | 39 | |
| 17-28 | -14.7 | 0.1281 | 0.791 | | | 806.9 | | | PG | 40 | 050503 |
| | -14.8 | 0.1264 | 0.672 | | | 800.6 | | | | 41 | |
| | -15.6 | 0.1298 | 0.792 | | | 785.8 | | | | 42 | 好 |
| | | | | | | | | | | | 0505-5 |
| | | | | | | | | | | | |
| | | | | | | | | | | | |

图 6.5　2017年12月15日在东北观测的一个积雪剖面原始纸质记录表

## 雪坑参数记录表（电子录入版）

5

| 日期 | 2017 | 12 | 15 | 时间 | 13 | 10 | 记录及观测人 | | 黄晓东 肖林 孙燕华 郭东 潘涛 张宇斌 盛光伟 刘冠之 | | |
|---|---|---|---|---|---|---|---|---|---|---|---|
| 天气 | 3-多云 | 云量 | 9 | 雪覆盖度 | 10 | 经度° | 119. 61272 | 纬度° | 47. 94602 | 海拔 m | 837 |
| 积雪湿度 | D-干 | 积雪硬度 | F-很软 | 硬度计 | 0 | | 下垫面类型 | 草地 | 积雪观测代表性 | 1-优 | |
| 光谱仪测量 | 否 | 反照率 | 是 | SnowFork | 是 | 环境照片 | 5366-5369, 5365 | | 地名 | 内蒙（阿尔山-呼伦贝尔） | |
| 相邻气象站 | | 雪坑编号 | 201712150505 | | 雪铲编号 | 11 | 雪铲重量g | 507. 6 | 空气温度℃ | -21 | |
| 雪深（cm） | 25 | 29 | 27 | 雪压(g/cm²) | 5. 4 | 4.4 | 5.1 | 雪密度(g/cm³) | 0. 216 | 0. 151724 | 0. 188889 |

**注：** 经纬度用°，如 50.09412°；海拔精确到米，雪深精确到厘米，空气温度和雪压精确到小数点后一位，密度精确到小数点后两位；天气：晴天，阴天，多云，少云，下雪，下雨，未记录；雪覆盖度和云量：0-10；0 表示无雪或无云，10 表示全是积雪或全云，缺测值为-99；积雪观测代表性：优，良，中，差，未记录；下垫面类型：裸地、耕地、草地、林地、灌木、冰面、其他；分层选择固定或者自然分层；积雪硬度、积雪湿度、雪颗粒形态、国际雪分类参考积雪晶体卡片；雪铲体积 1500ml。

| 分层<br>可选 | 雪层温度（℃） | SNOWFORK密度g/cm³ | SNOWFORK液态水含量vol% | 介电常数实部 | 介电常数虚部 | 雪+雪铲总重量 g | 雪铲密度g/cm³ | 长轴粒径（按 1mm网格） | 国际雪分类 | 雪粒径照片编号 | 雪样编号 |
|---|---|---|---|---|---|---|---|---|---|---|---|
| 0-14 | -9.6 | 0.0836 | 1.33 | | | 840.5 | 0.221933333 | 2.00 | DH-深霜 | PI CT0034 | 050501 |
| | -9.4 | 0.1241 | 0.904 | | | 837.6 | 0.22 | | | PI CT0035 | |
| | -8.9 | 0.0769 | 1.44 | | | 815.7 | 0.2054 | | | PI CT0036 | |
| 14-17 | -12.8 | 0.1322 | 0.912 | | | 不足10cm | | 1.50 | DH-深霜 | PI CT0037 | 050502 |
| | -12.8 | 0.1396 | 0.918 | | | 没测 | | | | PI CT0038 | |
| | -12.3 | 0.1355 | 0.678 | | | | | | | PI CT0039 | |
| 17-28 | -14.7 | 0.1287 | 0.791 | | | 806.9 | 0.199533333 | 0.50 | RG-圆形颗粒 | PI CT0040 | 050503 |
| | -14.8 | 0.1264 | 0.672 | | | 800.6 | 0.195333333 | | | PI CT0041 | |
| | -15.6 | 0.1298 | 0.792 | | | 785.8 | 0.185466667 | | | PI CT0042 | |
| | | | | | | | | | 可选 | | 0505-s |
| | | | | | | | | | | | |
| | | | | | | | | | | | |

图 6.6　2017年12月15日在东北观测的一个积雪剖面观测电子记录档案

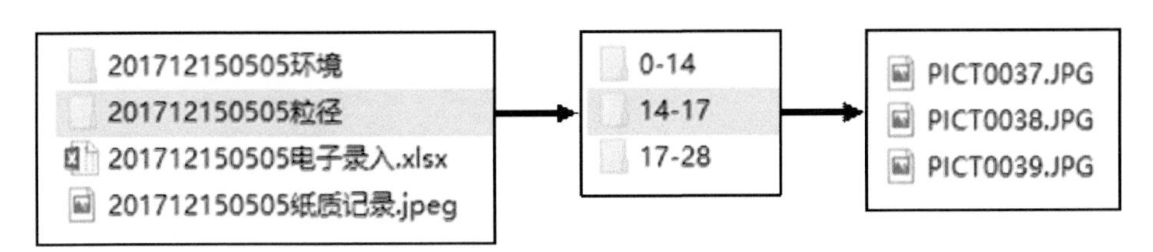


图 6.7　一个自然分层剖面观测数据存放格式

其中粒径照片单独存放在一个文件夹，每一层的粒径照片单独放一个文件夹，每个文件夹的名称为该层的雪深范围，每层雪深范围拍摄三张粒径照片

## 6.4　积雪剖面观测记录表国际样例

本节列出了国际上一些典型积雪剖面的记录方法（图 6.8 ~ 图 6.11）。记录风格基本相同，都是图表结合，部分参数可以在垂直剖面网格上绘制。这些剖面的记录方式和 5.3 节中的记录剖面方式有很大的差异。不同点在于：①国内剖面用字母表示粒子形态，而国际典型剖面用符号表示形态；②国内观测用照片的形式共享粒径，国际观测直接给出粒径的范围；③国内观测用雪深的范围描述分层状况，并且根据分层来观测积雪参数，而国际剖面记录中每个参数的分层状况不同；④辅助信息描述上，国内观测的剖面更为详细。

总体上，国际上这些积雪剖面记录方式较之 5.3 节中的更直观更形象，简单明了，而 5.3 节中的记录方式更加详细，更适合数据共享，并且利于大量数据的批量处理。各研究人员可以根据自己的目的选择合适的剖面记录方式。

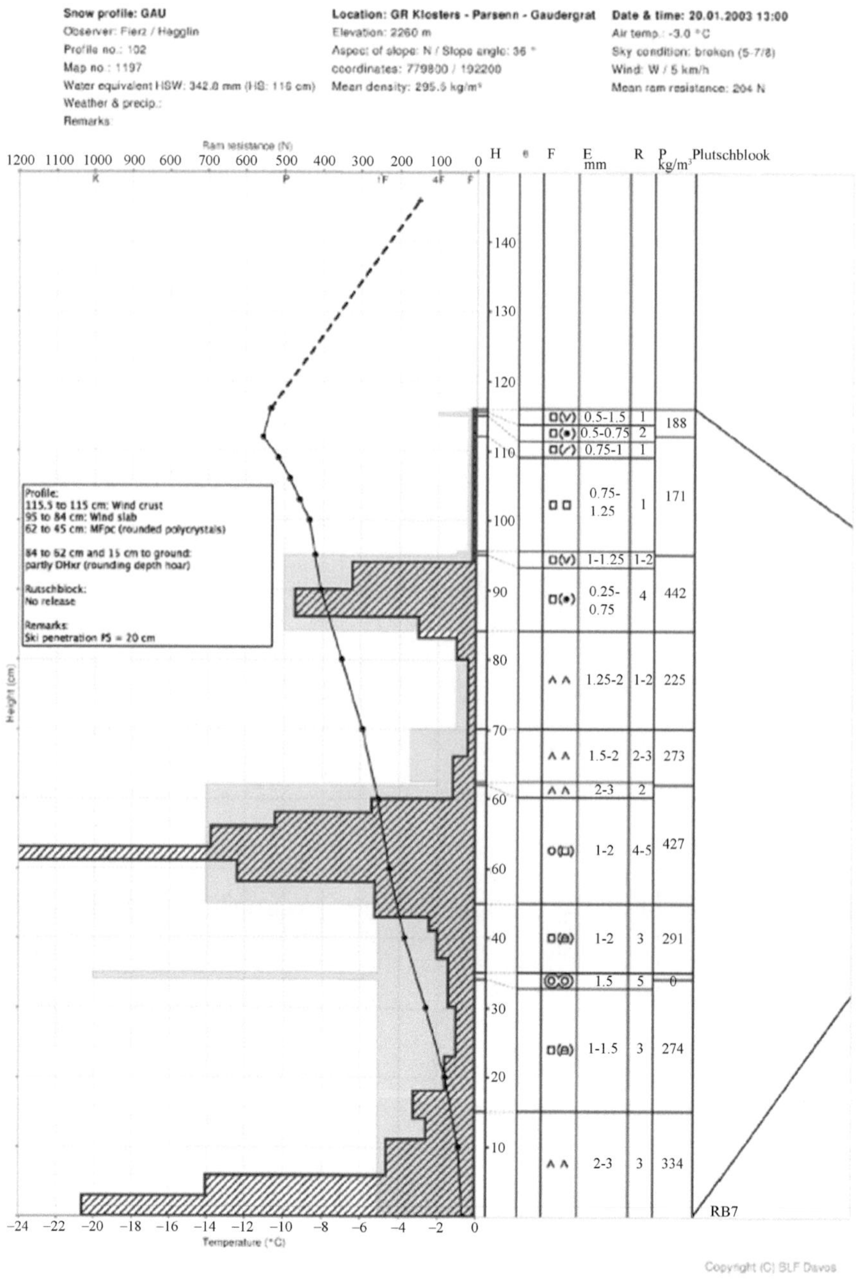

Snow profile: GAU
Observer: Fierz / Hegglin
Profile no.: 102
Map no.: 1197
Water equivalent HSW: 342.8 mm (HS: 116 cm)
Weather & precip.:
Remarks:

Location: GR Klosters - Parsenn - Gaudergrat
Elevation: 2260 m
Aspect of slope: N / Slope angle: 36 °
coordinates: 779800 / 192200
Mean density: 295.5 kg/m³

Date & time: 20.01.2003 13:00
Air temp.: -3.0 °C
Sky condition: broken (5-7/8)
Wind: W / 5 km/h
Mean ram resistance: 204 N

Profile:
115.5 to 115 cm: Wind crust
95 to 84 cm: Wind slab
62 to 45 cm: MFpc (rounded polycrystals)

84 to 62 cm and 15 cm to ground:
partly DHxr (rounding depth hoar)

Rutschblock:
No release

Remarks:
Ski penetration PS = 20 cm

| H | θ | F | E mm | R | P kg/m³ | Plutschblook |
|---|---|---|---|---|---|---|
| | | □(V) | 0.5-1.5 | 1 | 188 | |
| | | □(•) | 0.5-0.75 | 2 | | |
| | | □(/) | 0.75-1 | 1 | | |
| | | □□ | 0.75-1.25 | 1 | 171 | |
| | | □(V) | 1-1.25 | 1-2 | | |
| | | □(•) | 0.25-0.75 | 4 | 442 | |
| | | ∧∧ | 1.25-2 | 1-2 | 225 | |
| | | ∧∧ | 1.5-2 | 2-3 | 273 | |
| | | ∧∧ | 2-3 | 2 | | |
| | | ○(□) | 1-2 | 4-5 | 427 | |
| | | □(∧) | 1-2 | 3 | 291 | |
| | | ◎◎ | 1.5 | 5 | 0 | |
| | | □(∧) | 1-1.5 | 3 | 274 | |
| | | ∧∧ | 2-3 | 3 | 334 | RB7 |

Ram resistance (N): 1200 1100 1000 900 600 700 600 500 400 300 200 100 0
Height (cm)
Temperature (°C): −24 −22 −20 −18 −16 −14 −12 −10 −8 −6 −4 −2 0



图 6.8　瑞士 Graubünden 雪剖面观测图（坡面）

| | | | |
|---|---|---|---|
| Organization: | Snow and Ice Research Center<br>National Research Institute for Earth Science and Disaster Prevention NIED | | |
| Observer: | S. Yamaguchi | Date: | 2006-02-05 09:40 |
| Location: | Nagaoka | Elevation: | 97 m |
| Aspect of slope: | – | Slope angle: | 0° |
| Snow depth: | 162 cm | SWE: | 519 mm w.e. |
| Air temperature: | –4.1°C | Wind (direction/speed): | N / 3.6 km h$^{-1}$ |
| Precipitations: | none | Sky condition: | overcast |
| Remarks: | – Liquid water content $\theta_w$ is given as mass fraction<br>– Snow hardness measured in kilopascal with a push-pull gauge (see 1.4); the circular indentation surface has a diameter of 15 millimetres, i.e., one kilopascal corresponds to 0.1766 newtons | | |

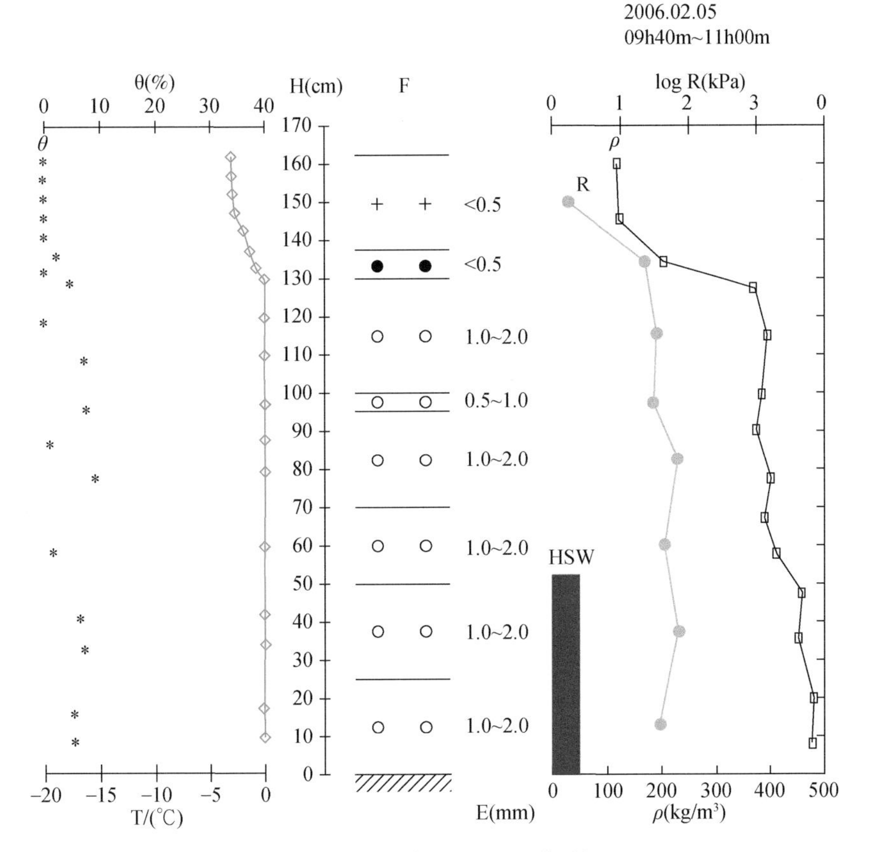


图 6.9　日本 Nagaoka 地区观测积雪剖面图（地形平坦）（Yamaguchi，2007）

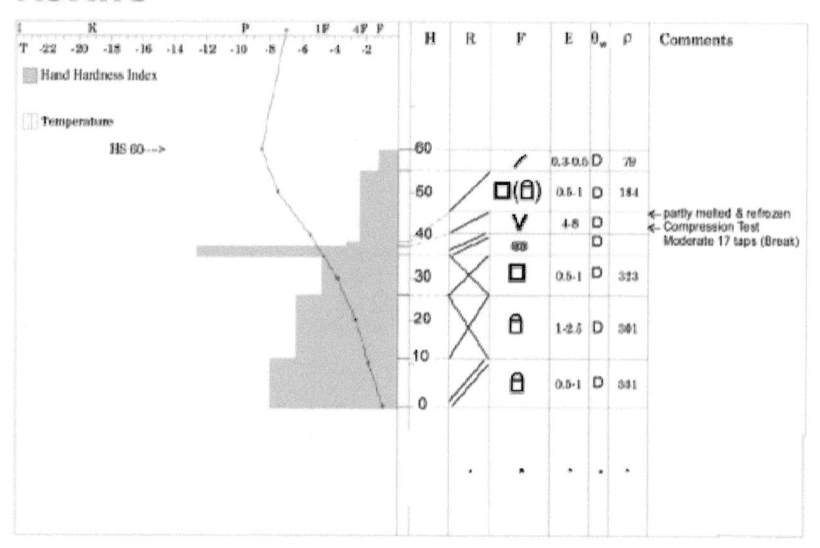


图 6.10　加拿大 British Columbia 地区观测积雪剖面图（斜坡）

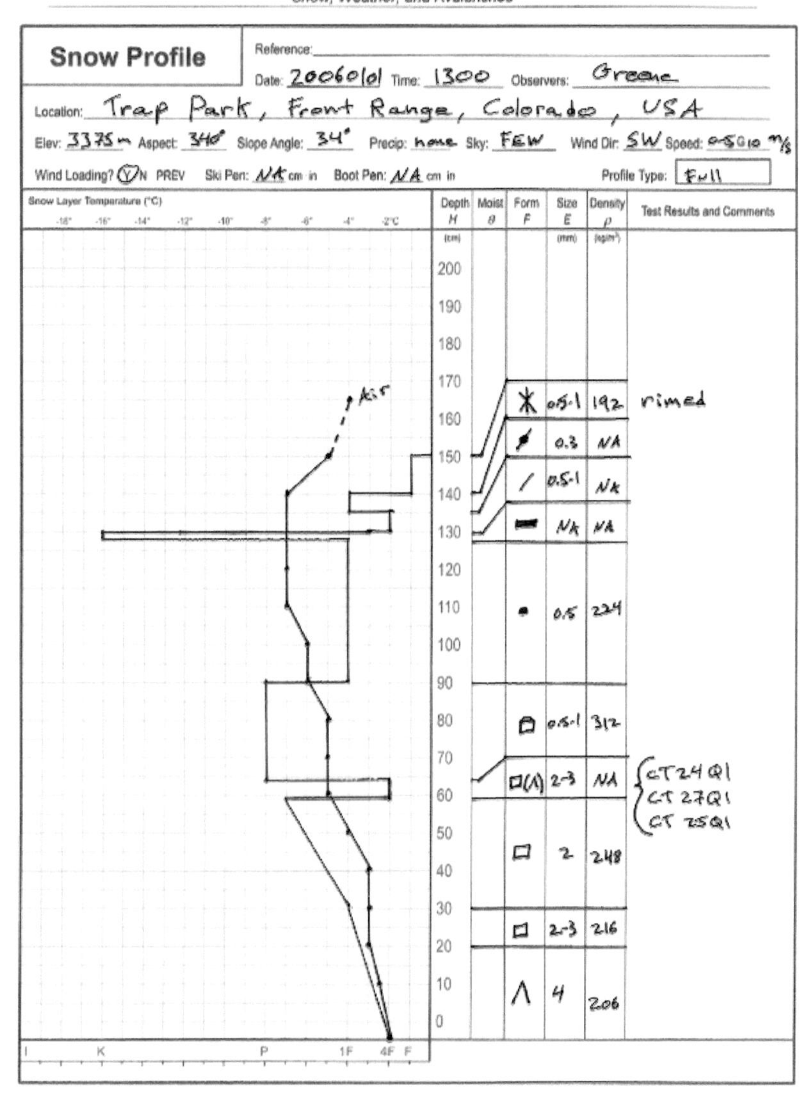


图 6.11 美国 Colorado 地区手绘积雪剖面观测图

# 参考文献

李新，马明国，王建，等，2008. 黑河流域遥感—地面观测同步试验：科学目标与试验方案．地球科学进展，23（9）：897-914.

杨金明，宋芳，刘洋，等，2016. 新疆巴音布鲁克区域干雪及风吹雪介电常数对温度和低频频率的响应．冰川冻土，38（3）：708-713.

中国气象局，2003. 地面气象观测规范．北京：气象出版社．

ARI SIHVOLA，MARTTI TIURI，1986. Snow Fork for Field Determination of the Density and Wetness Profiles of a Snow Pack. IEEE Transactions on Geoscience and Remote Sensing，24（5）：717-721.

BAILEY M，HALLETT J，2004. Growth rates and habits of ice crystals between-20 and -70℃. Journal of the Atmospheric Sciences，61（5）：514-544.

CHE T，DAI L，ZHENG X，et al.，2016. Estimation of snow depth from passive microwave brightness temperature data in forest regions of northeast China. Remote Sensing of Environment，183：334-349.

CLINE D，ARMSTRONG R，DAVIS R E，et al.，2001. “NASA cold land processes field experiment plan 2002-2004，” in NASA Earth Science Enterprise：Land Surface Hydrology Program：NASA.

DAI L，CHE T，WANG J，2012. Snow depth and snow water equivalent from AMSR-E data based on a priori snow characteristics in Xinjiang，China. Remote Sensing of Environment，127：14-29.

DOVGALUK YU，PERSHINA A，Atlas snezhinok（snezhnykh kristallov）[Atlas of snowflakes（snow crystals）] St Petersburg，Gidrometeoizdat. 139pp.，paperback，RR200.（In Russian with an English translation by A. A. Sinkevich.）

FIERZ C，ARMSTRONG R L，DURAND Y，et al.，2009. The International Classification for Seasonal Snow on the Ground. IHP-VII Technical Documents in Hydrology N°83，IACS Contribution N°1，UNESCO-IHP，Paris.

GELDSETZER T, LANGLOIS A, YACKEL J, 2009. Dielectric properties of brine-wetted snow on first-year sea ice. Cold Regions Science and Technology, 58 (1-2): 47-56.

HAO J, HUANG F, CHENG D, et al., 2020. Performance of snow density measurement systems in snow stratigraphies, Geosci. Instrum. Method. Data Syst. Discuss., https: //doi. org/10. 5194/gi-2020-14.

LIBBRECHT K G, 2005. The physics of snow crystals. Reports on Progress in Physics, 68 (4). 855-895

MAGONO C, LEE C, 1966. Meteorological classification of natural snow crystals. J Faculty of Sci Hokkaido Uni, 12 (4): 322-335.

MARTTI E TIURI, ARI H SIHVOLA, EBBE G NYFORS, et al. , 1984. The complex dielectric constant of snow at microwave frequencies. IEEE Journal of Oceanic Engineering, 19 (5): 377-382.

NAKATA W, TOGAWA H, YOKOYAMA H, 2005. Measurement of snow dielectric constant profile at UHF band using probe sensor array. Electronics and Communications in Japan (Part I: Communications) , 88 (4): 10-19.

STACHEDER M, KOENIGER F, SCHUHMANN R, 2009. New dielectric sensors and sensing techniques for soil and snow moisture measurements. Sensors, 9 (4): 2951-67.

SUGIYAMA S, ENOMOTO H, FUJITA S, et al., 2010. Dielectric permittivity of snow measured along the route traversed in the Japanese-Swedish Antarctic Expedition 2007/08. Ann Glaciol , 51 (55): 9-15.

TEKELI A E, ZUHAL AKYüREK, SORMAN A AYNUR, et al. , 2005. Using MODIS snow cover maps in modeling snowmelt runoff process in the eastern part of Turkey. Remote Sensing of Environment, 97 (2): 216-230.

WANG J, LI H, HAO X, 2010. Responses of snowmelt runoff to climatic change in an inland river basin, Northwestern China, over the past 50 years. Hydrology and Earth System Sciences, 14 (10): 1979-1987.

ZHANG Y, 1999. MODIS UCSB Emissivity Library, Available from http: //www. icess. - ucsb. edu/modis/EMIS/html/em. html.

# 附录

## 附录 1　积雪形态卡片

积雪形态分类卡片

| 基本形态 | 亚形态 | 代号 | 典型样例 | 形状描述 |
|---|---|---|---|---|
| 圆形颗粒 | 微圆形雪颗粒 | RGsr | 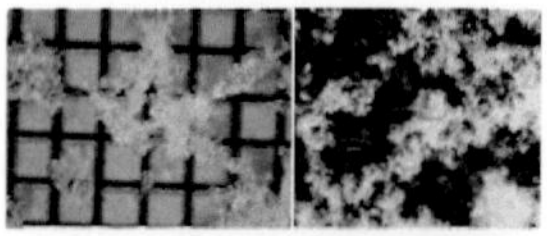 | 圆形或细长条形，长轴 < 0.25mm，新雪经过短暂的密实化形成饱满的状态 |
| | 粗圆形雪颗粒 | RGlr | 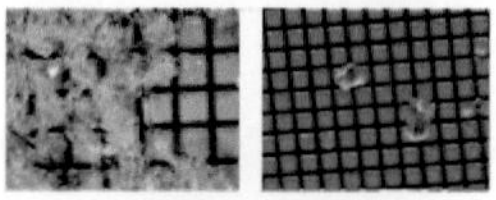 | 圆形或细长条形，长轴 ≥ 0.25mm，在 RGsr 基础上继续增长 |
| | 风蚀圆形雪颗粒 | RGwp | 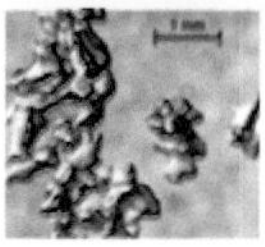 | 颗粒小，由于风力破碎后被压实，通常出现在表层，硬度较大。在风吹移动过程中相互摩擦而变圆 |
| | 圆形-面状雪颗粒 | RGxf | 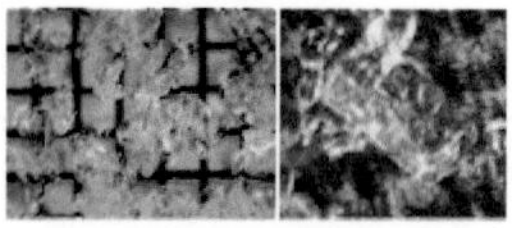 | 由于温度梯度增大，RGlr 正在往面状发展，棱角圆化，向面状晶体转化的过渡形态 |

续表

| 基本形态 | 亚形态 | 代号 | 典型样例 | 形状描述 |
|---|---|---|---|---|
| 面状晶体 | 棱柱状多面雪晶体 | FCso | 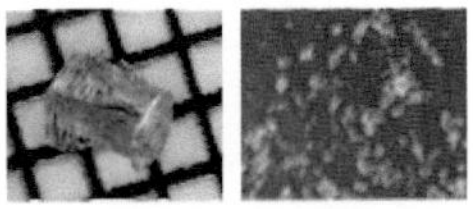 | 立体面状晶体，通常是棱柱体，面光滑，棱角分明，边角尖锐，从圆形颗粒发展而来 |
| | 近表层面状雪颗粒 | FCsf | 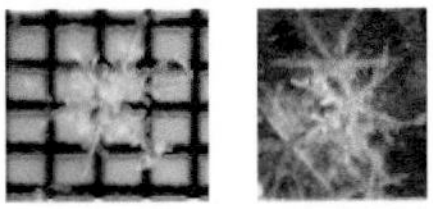 | 靠近雪表层的面状晶体，其形态取决于降雪颗粒的形态 |
| | 圆化多面颗粒 | FCxr | 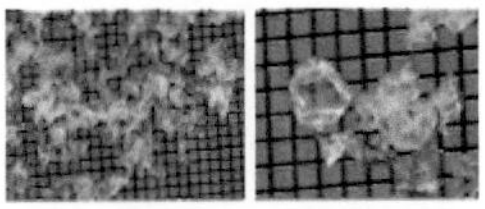 | 是面状向深霜转化的过渡形态 |
| 深霜 | 空杯状深霜 | DHcp | 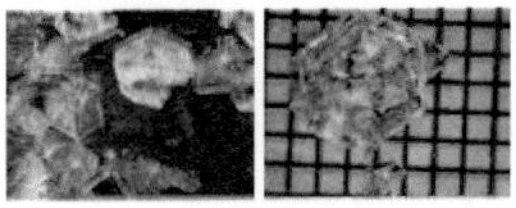 | 通常像杯子一样的，有条纹和骨架结构的晶体，由面状雪颗粒发展而成 |
| | 空心棱状深霜 | DHpr |  | 表面光滑但有条纹的棱柱形的空心骨架结构的晶体，易碎，低密度雪再结晶，难以区分颗粒 |
| | 深霜链 | DHch | 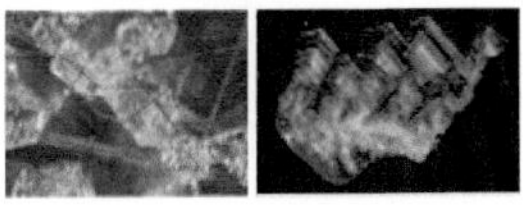 | 多个空心晶体像链条一样连接，易碎，低密度雪形成 |
| | 条纹深霜 | DHla | 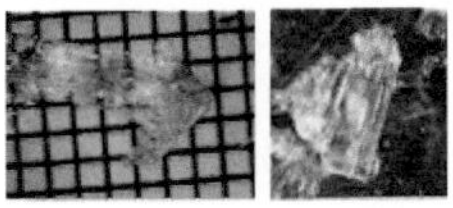 | 大的，固体或骨架结构的拥有大量条纹的晶体，由初始的深霜结合成大的深霜。温度梯度大和低密度雪下形成 |
| | 圆化深霜 | DHxr | 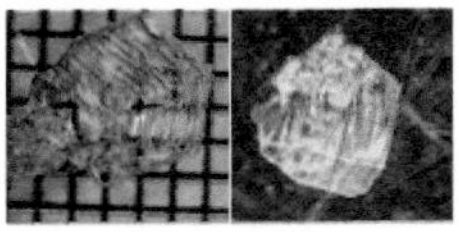 | 带条纹的空心骨架结构的晶体，边角开始圆化 |

续表

| 基本形态 | 亚形态 | 代号 | 典型样例 | 形状描述 |
|---|---|---|---|---|
| 表霜 | 针枝状表霜 | SHsu | | 通常是有条纹的晶体，片状或针状 |
| | 洞隙霜 | SHcv | | 有条纹的片状的或空心骨架结构的晶体，架空的深霜，发生在不透风的冷空间内，水汽可以保存下来结晶 |
| | 圆化表霜 | SHxr | | 表霜晶体开始圆化而成，条纹的表面霜晶体，边角圆化 |
| | 雪绒花 | SHew | | 出现在雪或冰表面呈现蕨类状或者簇状的冰结构，最大可呈现高6cm，直径8cm的类绒花一样的结构 |
| 融态晶体 | 簇生圆形融态晶体 | MFcl | | 自由水连接冰晶体，形成簇生状态，低含水量的湿雪，液态含水量少，水连接冰晶体 |
| | 粗圆形融态晶体 | MFpc | | 多个MFcl晶体融化再冰结成为一个，粒径增大 |
| | 雪泥 | MFsl | | 由于水太多，MFcl分散在水中的冰晶颗粒 |
| | 冰晶冻结块 | MFcr | | MFpc融化再冻结，晶体粒径增大，虽然冻结在一起难以分割开颗粒，但颗粒状态可见 |

续表

| 基本形态 | 亚形态 | 代号 | 典型样例 | 形状描述 |
|---|---|---|---|---|
| 冰层 | 冰层（水平） | IFil | | 水平冰层，雨水或融雪水从积雪表层往下渗，在雪层中重新冻结形成冰层 |
| | 冰柱（垂直） | IFic | | 垂直冰层，发生在雪层中 |
| | 底冰 | IFbi | | 融水池冻结，融雪水在积雪底部结冰 |
| | 冻雨冰 | IFrc | | 表面形成的一层很薄的表层，透明、光滑 |
| | 冰镜 | IFsc | | 表面形成的一层很薄的冰层，透明、光滑、闪光 |

注：本卡片材料来自《International classification for seasonal snow on the ground》（Fierz et al.，2009）以及国家科技基础资源调查专项项目“中国积雪特性及分布调查”第一课题“中国典型积雪区积雪特性地面调查”中的剖面观测数据。

卡片制作人：车涛、戴礼云、郝建盛、胡艳兴

如有疑问或建议请联系戴礼云（dailiyun@lzb.ac.cn）

# 附录2 各参数单位、英文名称、缩写符号一览表

| 参数名称 | 英文名称 | 符号 | 单位 |
|---|---|---|---|
| 积雪面积 | snow covered area | SCA | $km^2$ |
| 积雪面积比例 | snow cover fraction | SCF | % |
| 积雪深度 | snow depth | $H_s$ | cm |
| 雪水当量 | snow water equivalent | SWE | mm |
| 雪压 | snow pressure | $P_s$ | $g/cm^2$ |
| 积雪密度 | snow density | $\rho_s$ | $g/cm^3$，$kg/m^3$ |
| 孔隙率 | porosity | $\varphi$ | % |
| 积雪晶体粒径 | snow grain size | $D_s$ | mm |
| 比表面积 | specific surface area | SSA | $cm^2/g$ |
| 相关长度 | correlation length | Pc | mm |
| 指数相关长度 | exponential correlation length | Pex | mm |
| 光学等效粒径 | optical-equivalent grain size | $D_{eff}$ | mm |
| 积雪晶体颗粒形态 | snow grain shape | $F$ | — |
| 积雪层理 | snow layering，snow stratigraphy | $L$ | — |
| 积雪分层厚度 | layer thickness | $L_D$ | cm |
| 雪层温度 | snow temperature | $T_s$ | ℃ |
| 积雪液态水含量 | liquid water content | LWC | % |
| 积雪含水量 | snow wetness | $W_s$ | % |
| 积雪硬度 | snow hardness | $R$ | Pa |
| 积雪剪切度 | shear stress | $\tau$ | Pa |
| 积雪介电常数 | snow dielectric constant | $\varepsilon$ | F/m |
| 杂质 | impurities | $J$ | %，ppm |
| 阴离子浓度 | anion | $N_A$ | mol/L |
| 阳离子浓度 | cation | $N_C$ | mol/L |

续表

| 参数名称 | 英文名称 | 符号 | 单位 |
| --- | --- | --- | --- |
| 黑碳浓度 | black carbon | Jb | %，ppm |
| pH | pH value | pH | — |
| 反射率 | spectral reflectance | $\rho$ | % |
| 二向性反射率分布函数 | bi-directional reflectance distribution function | BRDF | $Sr^{-1}$ |
| 方向-方向反射率 | direction-direction reflectance | DDR | % |
| 半球-方向反射率 | hemispherical-direction reflectance | HDR | % |
| 方向-半球反射率 | direction-hemispherical reflectance | DHR | % |
| 半球-半球反射率 | bi-hemispherical reflectance | BHR | % |
| 反照率 | snow albedo | $\alpha$ | % |
| 发射率 | emissivity | $e$ | % |
| 吸收率 | absorptivity | $\gamma_a$ | % |
| 透射率 | transmissivity | $t$ | % |
| 电导率 | conductivity | $\sigma$ | S/m |
| 散射 | scatter | $\varepsilon$ | |

# 附录3 积雪相关定义中英文对照

| 参数名称 | 英文名称 |
|---|---|
| 积雪 | snowpack |
| 积雪剖面 | snow profile |
| 雪坑 | snow pit |
| 可见光 | visible spectrum |
| 近红外 | near infrared |
| 热红外 | thermal infrared |
| 微波 | microwave |
| 后向散射 | back scatter |
| 体散射 | volume scatter |
| 样方 | sample plot |
| 积雪测线 | snow course |